耐旱植物 300 种

300 Species of Drought-tolerant Plants

刘东明　李新杰　王向平　主编

中国林业出版社
China Forestry Publishing House

图书在版编目（CIP）数据

耐旱植物300种 / 刘东明，李新杰，王向平主编. --
北京 ：中国林业出版社，2021.1
　ISBN 978-7-5219-1007-0

　I. ①耐… II. ①刘… ②李… ③王… III. ①抗旱性
－园林植物－介绍 IV. ①S68

中国版本图书馆CIP数据核字(2021)第021186号

耐旱植物300种　　　　　　　　　　　刘东明　李新杰　王向平　主编

出版发行：中国林业出版社（中国·北京）

地　　址：北京市西城区德胜门内大街刘海胡同7号

策划编辑：王　斌

责任编辑：刘开运　郑雨馨　吴文静　　　**装帧设计：**广州百彤文化传播有限公司

印　　刷：北京雅昌艺术印刷有限公司

开　　本：710 mm×1000 mm　1/16

印　　张：20.125

字　　数：560千字

版　　次：2021年2月第1版　第1次印刷

定　　价：228.00元（USD 45.00）

编 委 会

序

　　植物资源是人类赖以生存的物质基础，它在自然界中维系能量流动、净化环境、防止水土流失、改良土壤、涵养水源、调节气候和促进养分循环等方面发挥重要作用。国家"十三五"规划指出，要创新环境治理理念和方式，全面提升各类自然生态系统稳定性和生态服务功能。然而，我国幅员辽阔，各地可供造林的荒山、石山与石漠化等干旱地区面积大，可供应用的新优植物少，造林技术要求高。另一方面，我国不同区域存在着不同程度的季节缺水现象，特别是西北等地的干旱问题更为严重，导致沙尘暴、水土流失等灾害事故时有发生，需要固沙耐旱的植物进行生态修复。随着国家加大对基础设施的投入，特别是增加高速公路等改扩建工程，其开发迹地的裸露面积将进一步扩大，包括公路边坡、采矿（石）场等，这些区域土壤瘠薄、水分缺失，生态修复难度大，必须采用工程与生物修复技术相结合的方法提升绿化效果。此外，随着各地城市化进程的不断推进，我国绿地建设的规模将进一步扩大，耐旱等节约型园林植物的需求将进一步扩大。因此，评价筛选出一批用途不同，应用于不同区域的耐旱植物并推广就显得极为必要。

　　近年来，中国科学院华南植物园物种保育研究组刘东明副研究员主持"广梧高速公路双凤至平台段边坡植物评价与栽培技术研究""山区高速公路边坡生态恢复技术研究（邢汾高速公路）""河北中部平原高速公路绿化植物耐旱性评价与景观应用研究"和"贵阳环百花湖公路边坡生态修复技术研究"等项目，对公路沿线植物进行了本底调查，同时进行栽培繁殖技术的研究，并在高速公路边坡进行试验与评价。依据植物的观赏性、抗逆性和生物学特性等指标，建立边坡绿化适生植物评价体系，筛选出一批边坡绿化适生植物并推广应用。项目组根据多年积累的第一手资料，编写出版了《高速公路边坡绿化理论与实践》《山区高速公路边坡生态恢复与重建技术及实践》和《高速公路景观植物》等系列专著，受到了读者的好评。筛选的边坡适生植物和边坡绿化技术得到较好的应用，对我国高速公路边坡的植物景观构建和生态修复提供了重要的技术支撑。

《耐旱植物300种》一书是中国科学院华南植物园和河北省交通运输厅的技术人员在全国范围进行耐旱植物调查并在高速公路边坡进行试验研究的基础上，参考前人的研究资料编写而成。共收录耐旱植物300种，内容包括每种植物的中文名、拉丁名、分布、生态习性、栽培要点和景观应用等。该书鉴定力求准确，描述简明扼要，图片清晰，是一部集实用性、科学性与科普性于一体的著作。它的出版将对我国耐旱植物的基础研究具有重要的科学意义，同时对于耐旱植物的物种鉴定与推广应用具有重要的参考价值。

是为序。

邢福武

中国科学院华南植物园

2020年10月1日

　　我国幅员辽阔，水资源总量大，但分布不均，表现为"东多西少，南多北少"，在全国范围内存在不同程度的季节性干旱，其中又以西北地区干旱问题最为严重。西北地区由于严重缺水，易发生沙尘暴、水土流失等自然灾害。植物的覆盖可起到固定水土的作用，能有效解决这些问题。然而，西北地区环境恶劣，对植物要求极高。除此之外，随着国家加大对基础设施的投入，出现较多人为开发后遗留的裸露区域，如高速公路边坡、采矿（石）场等，严重破坏城市形象。这些区域土壤贫瘠，水分缺失，生态修复困难重重。无论是自然因素还是人为破坏所致的生态问题，都对相关区域修复利用植物的耐旱性提出了较高要求，因此，亟需优选出一批耐旱植物用于上述区域生态修复。

　　耐旱植物是指在长期干旱环境下仍能维持正常生命活动的一类植物。这类植物在水分缺失时进入休眠状态，水分充足时快速吸收，以此保障自身存活。为适应干旱环境，耐旱植物进化出一系列形态特征，其根系发达、须根多、吸水能力强，能在水分充足时快速吸水，有些还具块根，能储存水分，如沙拐枣（*Calligonum mongolicum*）、柽柳（*Tamarix chinensis*）、刺槐（*Robinia pseudoacacia*）等；叶细小，呈条状、针状、长椭圆形、近圆形等，以此降低蒸腾速率，减少水分丧失，如青海云杉（*Picea crassifolia*）、侧柏（*Platycladus orientalis*）、白皮松（*Pinus bungeana*）等；部分耐旱植物的茎部呈绿色，且粗大肥厚，可代替叶子进行光合作用，同时在体内水分多时迅速膨大，储存水分，干旱缺水时逐渐收缩，保障自身存活，如绿玉树（*Euphorbia tirucalli*）、霸王鞭（*Euphorbia royleana*）

等。这些形态特征使耐旱植物能适应干旱、贫瘠的环境数年之久，维持正常的生命活动。

植物的抗旱能力受遗传变异和自然选择的综合影响，其抗旱能力不仅与植物的外部形态有关，与其内部结构及生理代谢也有密切的关系（孙景宽等，2009）。因此，在耐旱植物的优选方面，除了观察外在的形态特征，植物形态构造解剖也是一个重要的考量指标（蒲文彩等，2019）。植物体的水分绝大部分是通过叶的蒸腾作用散失的，干旱环境对叶的内部构造和生理活动影响最大，所以通常通过石蜡切片法、光学显微技术对植物叶片解剖结构进行分析（肖军等，2010）。干旱环境下，植物叶片通过逐渐改变自身的结构特点，形成典型的抗旱性特征。耐旱植物叶片表皮角质层通常较厚，有较多的表皮毛，不仅能够有效降低蒸腾速率，减少水分流失，而且能折射部分阳光，减小强光照辐射对叶片的伤害。叶肉的栅栏组织发达，排列紧密，能减少强光辐射对叶肉细胞造成的灼伤，并使植物高效利用衍射光（王勇等，2014）；海绵组织相对不发达，排列疏松，形成较发达的通气组织，同时可以扩大叶表面积，提高光合效率（周玲玲等，2007）。气孔少、小且下陷也是典型的旱性特征，能使植物在干旱条件下减少水分蒸发，减缓旱情（戴建良等，1999）。

长期处于干旱胁迫下，植物体内生理代谢会发生变化，如：植物细胞质膜会受到损伤，丧失选择透性；代谢过程中同时会产生活性氧，当活性氧积累到一定量时，会导致植物细胞内大分子物质发生氧化作用，影响植物体的正常生长。丙二醛作为膜脂过氧化产物之一，能使膜系统内的酶蛋白失活，从而进一步损伤膜的结构和功能。植物为了对抗这种伤害，一方面通过渗透调节物质来维持膜系统的稳定，另一方面通过抗氧化防御系统来清除活性氧。渗透调节物质主要来自细胞质中兼容溶质的积累，包括脯氨酸、可溶性糖、甜菜碱、有机酸等（Hare PD et al.，1998；Ingram J et al.，1996）。而抗氧化防御系统分为酶保护系统和抗氧化剂系统。酶保护主要有超氧化物歧化酶、过氧化物酶、过氧化氢酶等，超氧化物歧化酶将超氧阴离子转化为过氧化氢，过氧化物酶和过氧化氢酶再将产生的过氧化氢转变为水，从而起到解毒作用；抗氧化剂主要有谷胱甘肽、脯氨酸、抗坏血酸等。这些生理代谢物质的变化都可以作为评价植物抗旱能力的生理指标，在科学研究中应用较多。

因此，在分析植物的抗旱能力时，外在形态特征、微观形态解剖、生理代谢物质变化，都是重要的考量指标，可以综合评价植物的抗旱能力。本书在前期大量调研的基础上，对部分植物进行观察和试验，以植物种类生长的立地环境及上述各指标综合评价植物抗旱能力，优选出300种耐旱植物，结合栽培管理和景观应用相关资料，整理成文，可供行业参考及决策使用。

本书科的排列，裸子植物的排列按照郑万钧1975年系统，被子植物按照哈钦松系统，属、种则按照拉丁名首字母顺序排列。

本书获多个研究项目资助：国家自然科学基金项目（41571056）、中国科学院A类战略性先导科技专项项目（XDA13020500）、科技基础资源调查专项（2018FY100107）、河北省交通运输厅科技攻关项目（QG2018-10）等。本书在编写过程中得到了邢福武研究员的热情指导，参考了国内外有关书籍和文献以及相关专家、学者的研究成果，在此表示衷心的感谢！

由于编写时间仓促，水平有限，书中错误和疏漏之处难免，期望读者批评指正！

编者

2020年9月

目录

银杏

Ginkgo biloba L.

银杏科Ginkgoaceae，银杏属*Ginkgo*

　　形态特征：乔木，高可达40 m；树皮灰褐色，深纵裂，粗糙。叶螺旋状互生，扇形，长枝上常2裂，基部宽楔形，萌生枝上的叶常较深裂，在短枝上3～8叶呈簇生状。秋季落叶前变为黄色。球花雌雄异株；雄球花柔黄花序状，下垂；雌球花具长梗，顶端常分两叉，各形成一盘状珠座，胚珠着生其上。种子具长梗，为椭圆形、长倒卵形、卵圆形或近圆球形，熟时黄色或橙黄色，外被白粉；胚乳肉质。花期：3～4月；种子成熟9～10月。

　　分布区域：原产中国，现全国各地有栽培。

　　生长习性：喜光，耐寒，耐干旱，适应性强，土壤以砂壤土或壤土为宜。

　　栽培管理：播种、分蘖或扦插繁殖。

　　景观应用：树形优美，叶形奇特，入秋满树鲜黄，颇为美观，宜作行道树、庭荫树及园景树。

雪松

Cedrus deodara (Roxburgh) G. Don

松科 Pinaceae，雪松属 *Cedrus*

形态特征：树干挺直，大枝平展，小枝稍下垂，树冠塔形。针叶在长枝上螺旋状散生，在短枝上簇生，斜展，针形，质地坚硬，色深绿。雌雄同株，雌雄球花分别单生于不同长枝上的短枝顶端，球果第二年成熟，直立，球果成熟前淡绿色，熟时红褐色，卵圆形或宽椭圆形，长7～12 cm，径5～9 cm；种子上部具宽大膜质的种翅。花期：10月至翌年1月；球果翌年秋季成熟。

分布区域：原产中国西藏，全国各地广泛栽培作庭园树。阿富汗至印度也有分布。

生长习性：喜光，稍耐荫，抗寒性较强，适栽于土层深厚、肥沃、疏松、排水良好的微酸性土壤。

栽培管理：播种繁殖。于10～11月成熟后采种，采后干藏至翌年3～4月进行播种，播前可用冷水浸种2～3天，点播后2～3周即可出苗。

景观应用：树冠宽广，树姿挺拔，为世界著名的园林观赏树种，适合作行道树、广场绿化树或园林风景树。

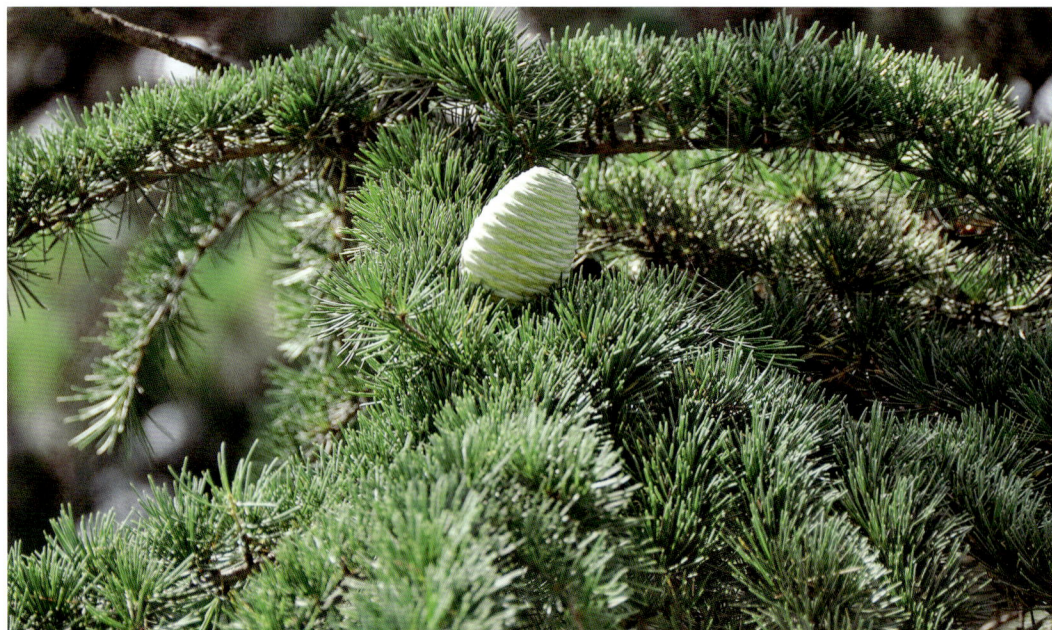

华山松

Pinus armandii Franch.

松科Pinaceae，松属*Pinus*

形态特征：乔木，高达35 m，胸径1 m；幼树树皮灰绿色，老则呈灰色，裂成方形或长方形厚块片固着于树干上，或脱落；枝条平展，形成圆锥形或柱状塔形树冠。针叶5针一束，边缘具细锯齿；横切面三角形；叶鞘早落。雄球花黄色，卵状圆柱形。球果圆锥状长卵圆形。花期：4～5月，球果翌年9～10月成熟。

分布区域：山西、河南、陕西、甘肃、四川、湖北、贵州、云南及西藏。

生长习性：喜温和凉爽、湿润气候，但也耐旱、耐瘠薄、耐寒。

栽培管理：播种繁殖。在出苗20天后，按0.2%的浓度喷施$NH_4K(H_2PO_4)_2$肥于叶面；速生期按$N：P：K=3：2：1$配制稀释成0.6%的浓度浇灌。

景观应用：华山松高大挺拔，针叶苍翠，5针一束，姿态奇特，是优良的绿化树种。在园林中作园景树、庭荫树、行道树及林带树，可丛植、群植。也是涵养水源，保持水土，防止风沙侵害的优良树种。

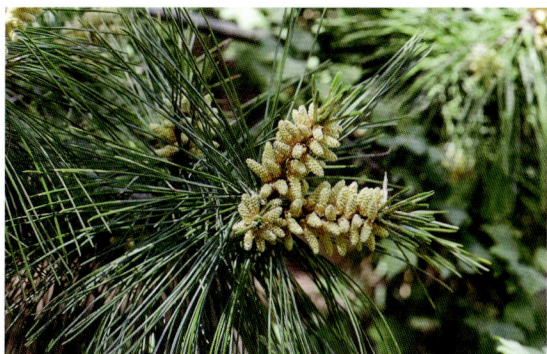

白皮松

Pinus bungeana Zucc. et Endi.

松科 Pinaceae，松属 *Pinus*

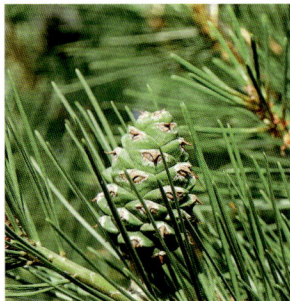

形态特征：常绿乔木，高达 30 m，幼树树皮光滑，灰绿色，大树皮灰白色，裂成不规则的鳞片状脱落，脱落后近光滑，露出粉白色的内皮。针叶 3 针一束，粗硬，长 5～10 cm；雄球花卵圆形或椭圆形，长约 1 cm，多数聚生于新枝基部成穗状，长 5～10 cm。球果卵圆形，长 5～7 cm，径 4～6 cm，种鳞螺旋状排列，鳞盾肥厚，鳞脐背生，具刺。种子灰褐色，倒卵形。花期：4～5 月；球果翌年 10～11 月成熟。

分布区域：山西、河南、陕西、甘肃、四川、湖北等地。

生长习性：喜光树种，耐瘠薄土壤及较干冷的气候；在气候温凉，土层深厚、肥润的钙质土和黄土地区生长良好。

栽培管理：播种繁殖。早春解冻后即可播种。采用苗床播种，播前浇足底水，罩上塑料薄膜保温、保湿，可提高发芽率。

景观应用：树姿优美，树皮奇特，为优良园林观赏树种。适宜丛植成林或作行道树。

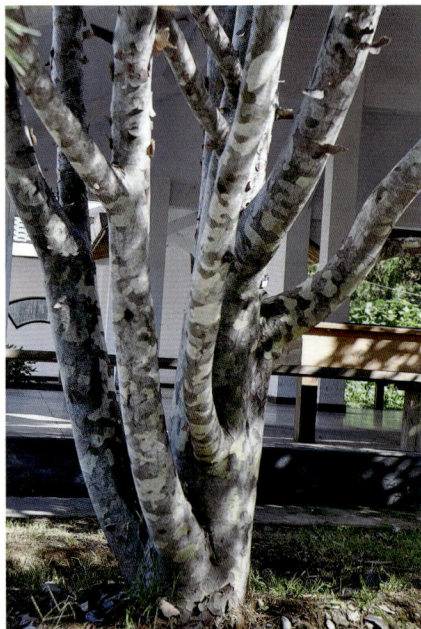

青海云杉

Picea crassifolia Kom.

松科Pinaceae，云杉属*Picea*

形态特征： 乔木，高可达20 m；1年生嫩枝淡绿黄色，有短毛，2年生小枝呈粉红色或淡褐黄色，具白粉，老枝呈淡褐色、褐色或灰褐色。叶较粗，四棱状条形，近辐射伸展，长1.2～3.5 cm，宽2～3 mm，先端钝，或具钝尖头，横切面四棱形。球果圆柱形或矩圆状圆柱形，成熟前种鳞背部露出部分绿色，上部边缘紫红色；中部种鳞倒卵形；种子斜倒卵圆形；种翅倒卵状，淡褐色。花期：4～5月；果熟期9～10月。

分布区域： 为中国特有树种，产祁连山区、青海、甘肃、宁夏、内蒙古。

生长习性： 耐寒、耐旱、耐瘠薄。

栽培管理： 播种繁殖。

景观应用： 冠形优美，四季常绿，可作庭园观赏树种。被广泛用于城市绿化、园林栽植及高速公路绿化等，也是高山区重要的森林更新树种和荒山造林树种。

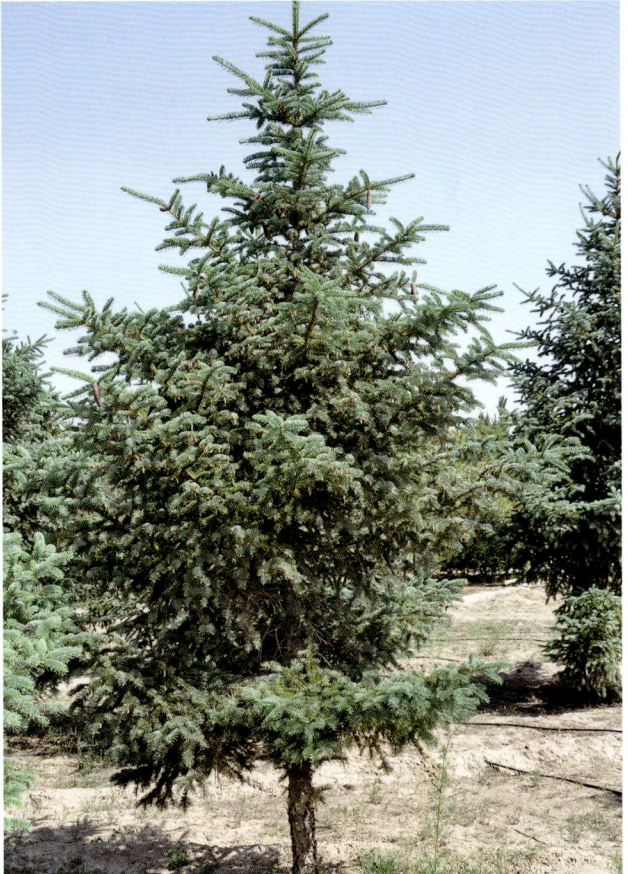

马尾松

Pinus massoniana Lamb.

松科 Pinaceae，松属 *Pinus*

　　形态特征：常绿乔木；树皮红褐色，裂成不规则的鳞状块片；枝条每年生长 1 轮，稀 2 轮；1 年生枝淡黄褐色。针叶每束 2～3 针，细柔，横切面半圆形。雄球花淡红褐色，圆柱形，弯垂，聚生于新枝下部成穗状，长 6～15 cm；雌球花单生或 2～4 个聚生于新枝近顶端，淡紫红色。球果卵圆形，长 4～7 cm；鳞盾菱形；种子长卵圆形，子叶 5～8 枚。花期：3～4 月；果熟期翌年 10～12 月。

　　分布区域：产河南、陕西及长江流域以南各地。

　　生长习性：喜温暖湿润的环境，喜光，耐寒、耐旱、耐瘠薄，根系发达，生性强健。在瘠薄的土壤环境下常生长成灌木状。

　　栽培管理：播种繁殖，11 月收采成熟种子，种子阴干，含水量 10% 的种子在 15℃ 下可以贮藏 1 年。春夏季均可播种，出芽快，发芽率高。

　　景观应用：常绿树种，是荒山造林先锋树种；常应用于公路边坡植被恢复以及分离式中央分隔带绿化种植。

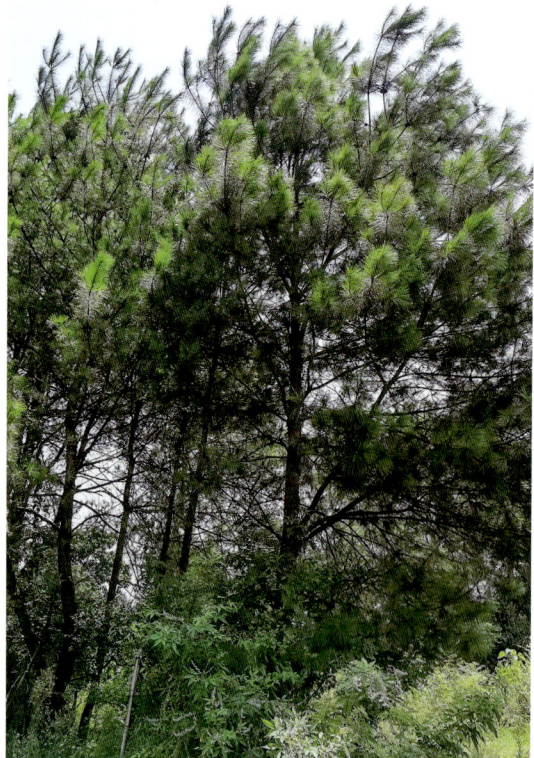

樟子松

Pinus sylvestris var. mongolica Litv.

松科Pinaceae，松属*Pinus*

形态特征： 乔木，高达25 m，胸径达80 cm；大树树皮厚，树干下部灰褐色或黑褐色，深裂成不规则的鳞状块片脱落，上部树皮及枝皮黄色至褐黄色，内侧金黄色；枝斜展或平展；冬芽褐色或淡黄褐色，长卵圆形，有树脂。针叶2针一束，硬直，扭曲，长4～9 cm，径1.5～2 mm。雄球花圆柱状卵圆形；雌球花有短梗，淡紫褐色。球果卵圆形或长卵圆形，长3～6 cm，径2～3 cm；种子黑褐色，长卵圆形或倒卵圆形。花期：5～6月；球果第二年9～10月成熟。

分布区域： 产于中国黑龙江大兴安岭海拔400～900 m山地及内蒙古海拉尔以西、以南一带的沙丘地区。蒙古也有分布。

生长习性： 深根性树种，喜光，耐寒、耐旱、耐贫瘠、耐盐碱，抗逆性强。

栽培管理： 播种繁殖。一般地区以高床播种育苗，雨量较少的干旱地区宜用平床或低床播种育苗。

景观应用： 树姿优美，用于庭园观赏及绿化种植，可作防护林及固沙造林树种。

油松

Pinus tabuliformis Carriere

松科 Pinaceae，松属 *Pinus*

形态特征：乔木，高达 25 m；树皮灰褐色，鳞片状剥落；枝平展或向下斜展，老树树冠平顶。针叶 2 针 1 束，深绿色，粗硬。雄球花圆柱形，长 1.2～1.8 cm，在新枝下部聚生成穗状。球果卵形或卵圆形，种鳞肥厚，鳞盾隆起，鳞脐有刺；种子卵圆形或长卵圆形。花期：4～5 月；球果翌年 10 月成熟。

分布区域：产河南、山东、河北、山西、内蒙古、四川、陕西、甘肃、宁夏、青海及辽宁、吉林等地。

生长习性：深根性树种，耐干旱。喜光，喜干冷气候，在土层深厚、排水良好的酸性、中性或钙质黄土上均能生长良好。

栽培管理：播种繁殖。育苗选土层肥沃深厚，质地疏松的壤土做苗圃。4 月中下旬播种。播种前需做种子催芽，可采用温水浸种，待种子裂口即可播种。

景观应用：树干挺拔苍劲，四季常青。适合作行道树、广场绿化树或园林风景树。可孤植、列植。

圆柏（桧柏）

Juniperus chinensis L.

柏科Cupressaceae，刺柏属*Juniperus*

形态特征： 乔木，高达20 m；树皮深灰色，纵裂，成条片开裂；幼树的枝条斜上伸展，形成尖塔形树冠，老则下部大枝平展，形成广圆形的树冠；刺叶生于幼树之上，老龄树则全为鳞叶，壮龄树兼有刺叶与鳞叶；刺叶3叶交互轮生，斜展，疏松，披针形，先端渐尖，长6～12 mm。雌雄异株，雄球花黄色，椭圆形。球果近圆球形，两年成熟，熟时暗褐色，被白粉，有种子1～4粒，种子卵圆形。

分布区域： 产于中国广东、广西、江西、浙江、福建、安徽、江苏、湖南、湖北、山东、河南、河北、山西、内蒙古、陕西、甘肃、贵州、四川、云南、西藏等地。朝鲜、日本也有分布。

生长习性： 喜光，耐旱、耐寒、耐瘠薄。喜生于干燥、肥沃、深厚的土壤，对土壤要求不严，较耐盐碱。对SO_2和Cl_2抗性强。

栽培管理： 嫁接和扦插繁殖，嫁接选用侧柏作砧木，接穗选择生长健壮的母树侧枝顶梢。

景观应用： 树形优美，枝叶青翠碧绿，常用于园林绿化，如街道绿化、小区绿化、公路绿化等。

杜松

Juniperus rigida Sieb. et Zucc.

柏科 Cupressaceae，刺柏属 *Juniperus*

　　形态特征：灌木或小乔木，高达 10 m；枝条直展，形成塔形或圆柱形的树冠，枝皮褐灰色，纵裂；幼枝三棱形。叶 3 叶轮生，条状刺形，质厚，坚硬，叶面凹下成深槽，槽内有 1 条窄白粉带。雄球花椭圆状或近球状。球果圆球形，被白粉；种子近卵圆形。

　　分布区域：产于中国黑龙江、吉林、辽宁、内蒙古、河北、山西、陕西、甘肃及宁夏等地区。朝鲜、日本也有分布。

　　生长习性：喜冷凉气候，耐阴、耐干旱、耐严寒。深根性，对土壤的适应性强。

　　栽培管理：播种、嫁接或压条繁殖。

　　景观应用：树姿优美，可作庭园树、风景树、行道树。适宜孤植、对植、丛植和列植，还可作绿篱。

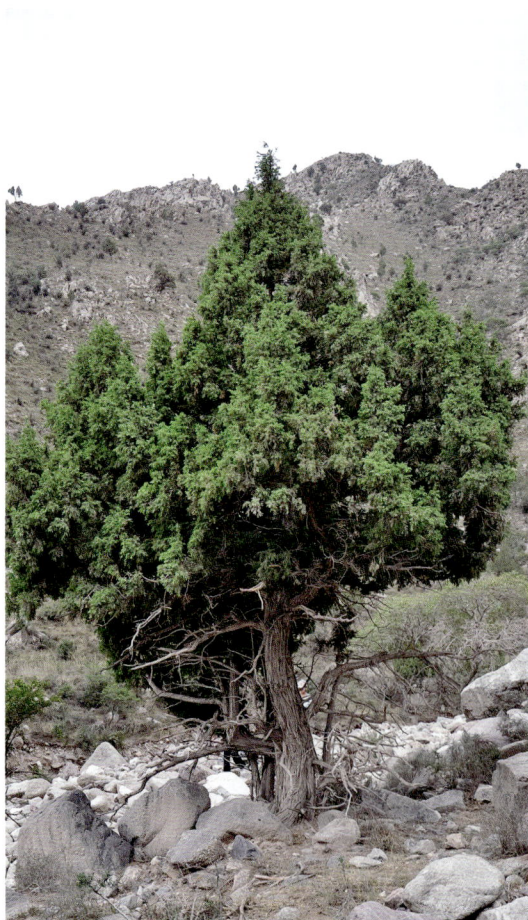

叉子圆柏（沙地柏）

Juniperus sabina L.

柏科 Cupressaceae，刺柏属 *Juniperus*

形态特征：常绿匍匐灌木，高可达1m；枝皮灰褐色，裂成薄片脱落。叶二型：刺叶3叶交叉轮生，排列较密，向上斜展，先端刺尖；鳞叶交互对生，先端微钝或急尖，背面中部有椭圆形或卵形腺体。雌雄异株；雄球花椭圆形或矩圆形；雌球花曲垂或初期直立而随后俯垂。球果倒卵圆形，有白粉，具2～3粒种子；种子卵圆形。

分布区域：产中国新疆、宁夏、内蒙古、青海、甘肃、陕西等地。欧洲南部至中亚也有分布。

生长习性：喜光，耐寒、耐旱。生于石山坡、沙地、林下。

栽培管理：扦插或播种繁殖。

景观应用：可作水土保持、护坡及固沙造林树种。也可用于高速公路碎落台，上、下边坡，互通立交区，服务区景观绿化。

侧柏（扁柏）

Platycladus orientalis（L.）Franco

柏科 Cupressaceae，侧柏属 *Platycladus*

形态特征：常绿乔木，高达 20 m；树皮浅灰褐色，纵裂成条片。枝条向上伸展或斜展，幼树树冠卵状尖塔形，老树树冠则为广圆形；连叶小枝排成平面竖直排列；叶鳞片状对生，先端钝，叶背中部有条形腺槽。两侧的叶船形，先端微内曲，叶背有钝脊，尖头的下方有腺点。雌雄同株。球果卵圆形，长 1.5～2 cm，成熟开裂；种子卵圆形或近椭圆形，灰褐色或紫褐色。花期：2～3 月；球果 10 月成熟。

分布区域：产中国大部分地区。朝鲜、韩国也有分布。

生长习性：喜光，耐干旱，耐瘠薄土壤和盐碱土。耐修剪，寿命长，萌芽力强。常生于石灰岩山地。

栽培管理：播种繁殖，播种前种子要进行催芽处理，其播种量约为 20～30 g/m^2。

景观应用：枝干苍劲，幼树树冠尖塔形，成年树则呈椭圆形，树姿优美，为优良的园林景观树种，多栽植于公园和名胜古迹等地。

二乔木兰

Magnolia × *soulangeana* (Soulange-Bodin) D. L. Fu

木兰科Magnoliaceae，木兰属*Magnolia*

　　形态特征：为玉兰与紫玉兰的杂交种。落叶小乔木，高可达15 m。叶倒卵形或宽倒卵形，先端宽圆，叶背具柔毛。花先叶开放，钟状，外面淡紫色，内面白色。萼片3片，似花瓣状，长度为花瓣之半或近等长，有时绿色。花期：2～3月；果熟期9～10月。

　　分布区域：全国各地多有栽培。

　　生长习性：喜光，较耐寒，能在-21℃条件下安全越冬。喜生于肥沃、深厚、湿润、排水良好的土壤。

　　栽培管理：嫁接繁殖。常以紫玉兰或玉兰、黄兰、白兰等为砧木，可采用劈接、芽接、切接、腹接等方式，但劈接、芽接的成活率较高。

　　景观应用：花色艳丽，为庭园观赏树种。广泛用于公园、绿地和庭院等。

玉兰（玉堂春）

Yulania denudata (Desrousseaux) D. L. Fu

木兰科 Magnoliaceae，玉兰属 *Yulania*

　　形态特征：落叶乔木，高达 20 m；树皮粗糙开裂。叶纸质，倒卵形、宽倒卵形，长 10～15 cm，宽 6～10 cm，先端宽圆或平截或稍凹，基部楔形或近圆形，两面沿脉被柔毛。花芳香，花先叶开放；花被片 9 片，白色，稀基部带粉红色或紫红色，长圆状倒卵形，长 6～8 cm。聚合果圆柱形。花期：3～4 月；果熟期 8～9 月。

　　分布区域：产江西、浙江、湖南、贵州等地。

　　生长习性：喜光，耐寒，忌水涝，较耐干旱。喜肥沃、疏松和排水良好的壤土。

　　栽培管理：播种或嫁接繁殖。种子宜即采即播，嫁接在早春进行。玉兰是肉质根，怕积水，种植地地势要稍高，在低洼处种植容易烂根而导致死亡；在砂壤土和黄砂土中生长较好。

　　景观应用：早春花朵满树，花大洁白、艳丽、芳香，为著名的庭园观赏木本花卉。

假鹰爪

Desmos chinensis Lour.

番荔枝科Annonaceae，假鹰爪属*Desmos*

形态特征： 直立或攀缘灌木。枝条具纵纹及灰白色皮孔。叶互生，薄纸质，长圆形或椭圆形，稀宽卵形，长4～14 cm，先端钝尖或短尾尖，基部圆或稍偏斜，叶背粉绿色。花黄白色，单朵与叶对生或互生。萼片卵形，被微柔毛；花瓣6，2轮，外轮花瓣长圆形或长圆状披针形，内轮花瓣长圆状披针形，均被微毛。果念珠状；种子1～7，球形。花期：4～10月；果期：6～12月。

分布区域： 产于中国广东、广西、云南和贵州。印度、老挝、柬埔寨、越南和马来西亚、新加坡、菲律宾和印度尼西亚也有分布。

生长习性： 耐瘠薄、干旱。多野生于丘陵地带山坡、路旁的灌木丛中。

栽培管理： 播种、扦插或压条繁殖。常用种子育苗。

景观应用： 枝叶常年浓绿，花朵乳黄色，伴有清香，香气持久，似鹰爪，颇有特色。是一种理想的观赏花卉和庭园绿化苗木。宜孤植或丛植于庭院周围。

樟（香樟）

Cinnamomum camphora (L.) Presl

樟科 Lauraceae，樟属 *Cinnamomum*

形态特征： 常绿大乔木，高达 30 m，胸径达 3 m；树冠宽广；枝、叶具樟脑香气。叶薄革质，互生，卵状椭圆形，长 6～12 cm，宽 2.5～6.5 cm，先端急尖，基部宽楔形至近圆形，边缘稍波状；离基 3 出脉，中脉在叶两面均明显；叶柄长 2～3 cm。聚伞花序；花黄白色或黄绿色。果卵球形，熟时紫黑色。花期：4～5 月；果期：8～11 月。

分布区域： 产中国华南、华东及西南地区。越南、朝鲜和日本也有分布。

生长习性： 喜光，喜温暖湿润气候，耐阴，忌积水。抗风和抗大气污染，并有吸收灰尘和噪音的功能。

栽培管理： 播种繁殖，宜即采即播。大树移植宜在初春展叶前进行，并在 3 个月前做断根处理。

景观应用： 树冠宽阔，树姿雄伟，叶全年茂密翠绿，绿荫效果好，为优良的庭园风景树、行道树和绿阴树。

大花耧斗菜

Aquilegia glandulosa Fisch. ex Link.

毛茛科Ranunculaceae，耧斗菜属*Aquilegia*

　　形态特征：茎不分枝或在上部分枝，茎高20～40cm。基生叶具长柄，为二回三出复叶；叶片轮廓三角形，宽约6.5cm，小叶彼此邻接，圆倒卵形至扇形，浅裂。花大而美丽，直径6～9cm，单一顶生或有时2～3朵组成花序；萼片蓝色，卵形至长椭圆状卵形；花瓣蓝色或白色，圆状卵形，顶端钝形或圆形，末端强烈地弯曲成钩状。花期：6～8月。

　　分布区域：产中国新疆。在俄罗斯以及蒙古也有分布。

　　生长习性：耐寒、耐旱，不耐涝，适应性强。

　　栽培管理：播种繁殖。

　　景观应用：花期长，花朵繁茂，为优良的多年生宿根花卉，除露地种植外，还可盆栽观赏或作切花。

芹叶铁线莲

Clematis aethusifolia Turcz.

毛茛科Ranunculaceae，铁线莲属*Clematis*

　　形态特征：多年生草质藤本，幼时直立，后匍匐，长0.5～4 m。茎有纵沟纹。二至三回羽状复叶或羽状细裂，末回裂片线形，顶端渐尖或钝圆。聚伞花序腋生；苞片羽状细裂；花钟状下垂；萼片4枚，淡黄色，长方椭圆形或狭卵形。瘦果扁平，宽卵形或圆形，成熟后棕红色，密被白色柔毛。花期：7～8月；果期：9月。

　　分布区域：产中国青海、甘肃、宁夏、陕西、山西、河北、内蒙古。蒙古、俄罗斯也有分布。

　　生长习性：喜阳，喜肥沃、疏松、排水良好的壤土及石灰质壤土。

　　栽培管理：播种、分株或压条法繁殖。

　　景观应用：适宜作攀爬绿化等应用。用于点缀墙篱、花架、花柱、拱门、凉亭，或散植观赏。

短尾铁线莲

Clematis brevicaudata DC.

毛茛科Ranunculaceae，铁线莲属*Clematis*

形态特征：藤本。枝有棱。一至二回羽状复叶或二回三出复叶；小叶片长卵形、卵形至宽卵状披针形或披针形，长1.5～6cm，宽0.7～3.5cm，顶端渐尖或长渐尖，基部圆形、截形至浅心形，边缘疏生粗锯齿或牙齿。圆锥状聚伞花序腋生或顶生；花萼片4，白色，狭倒卵形。瘦果卵形。花期：7～9月；果期：9～10月。

分布区域：产中国西藏东部、甘肃、青海东部、宁夏、陕西、河南、湖南、浙江、江苏、山西、河北、四川、云南、内蒙古和东北。朝鲜、蒙古、俄罗斯及日本也有分布。

生长习性：喜光，耐寒，不耐水渍。喜碱性壤土及轻砂质壤土。

栽培管理：播种、分株或压条法繁殖。

景观应用：园林栽培中用木条、竹材等搭架让茎蔓缠绕，或布置在稀疏的灌木篱笆中，任其攀爬成花篱。也可布置于绿廊支柱、墙垣、棚架、阳台、门廊等处，优雅别致。

灌木铁线莲

Clematis fruticosa Turcz.

毛茛科Ranunculaceae，铁线莲属*Clematis*

　　形态特征：直立小灌木，高达1m。枝有棱，紫褐色。单叶对生或数叶簇生，狭三角形或狭披针形、披针形，长1.5～4cm，宽0.5～1.5cm，顶端锐尖，边缘疏生锯齿状牙齿。花单生，或聚伞花序有3花，腋生或顶生；萼片4，斜上展呈钟状，黄色，长椭圆状卵形至椭圆形，顶端尖。瘦果卵形至卵圆形，有黄色长柔毛。花期：7～8月；果期：10月。

　　分布区域：分布于甘肃南部和东部、陕西北部、山西、河北北部及内蒙古。

　　生长习性：喜光，适应性强，耐寒、耐旱，不耐暑热强光。

　　栽培管理：播种、分株或压条法繁殖。

　　景观应用：株形美观，花淡雅。可应用于干旱寒冷的地区营造岩石园景观。亦可植于路旁、阴湿地、河岸、溪旁等地观赏。

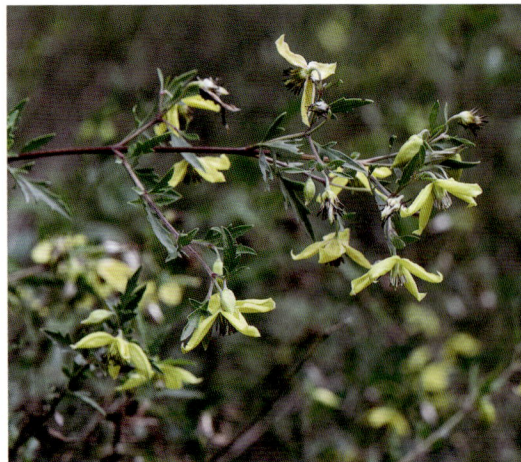

长瓣铁线莲（大瓣铁线莲）

Clematis macropetala Ledeb.

毛茛科Ranunculaceae，铁线莲属*Clematis*

　　形态特征：木质藤本。枝具4～6纵棱。二回三出复叶与1花自老枝腋芽中生出；小叶纸质，窄卵形、披针形或卵形，长2～5 cm，先端渐尖，基部宽楔形或圆，具锯齿；叶柄长3～5.5 cm。花单生，径3～6 cm。萼片4，蓝或紫色，斜展，斜卵形。瘦果倒卵圆形；宿存花柱长3.5～4 cm，羽毛状。花期：7月；果期：8月。

　　分布区域：产中国青海、甘肃、陕西南部、宁夏贺兰山、山西、河北小五台山。蒙古东部、俄罗斯远东地区也有分布。

　　生长习性：喜光，耐寒、耐旱，不耐水渍。喜深厚肥沃、排水良好的碱性壤土及轻砂质壤土。

　　栽培管理：播种、分株或压条法繁殖。

　　景观应用：枝叶扶疏，花美丽，园林观赏价值高。可点缀于围墙、栅栏、棚架或作绿篱，或配置于假山或岩石园中观赏。

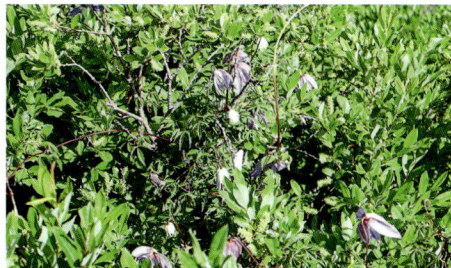

黑果小檗

Berberis atrocarpa Schneid.

小檗科 Berberidaceae，小檗属 *Berberis*

形态特征：常绿灌木，高 1～2 m。枝棕灰色或棕黑色，具条棱或槽，散生黑色疣点；茎刺 3 分叉，淡黄色。叶厚纸质，披针形或长圆状椭圆形，长 3～7 cm，宽 7～14 mm，先端急尖，基部楔形；叶缘每边具 5～10 刺齿。花 3～10 朵簇生；花黄色；萼片 2 轮，外萼片长圆状倒卵形，内萼片倒卵形；花瓣倒卵形，先端圆形，深锐裂，基部楔形，具 2 枚分离腺体。浆果黑色，卵状。花期：4 月；果期：5～8 月。

分布区域：产于中国四川、云南、湖南。

生长习性：喜光，喜温暖湿润环境，也稍耐阴、耐旱、耐寒。适应性较强，对土壤要求不严。

栽培管理：播种或扦插繁殖。播种繁殖多在春季清明前后条播，覆土 1～1.5 cm，随后浇水。当苗高 6～10 cm 时即可移栽。

景观应用：株形美观，入秋叶、果均为红色，是极好的观叶、观果植物。适于园林中孤植、丛植或栽作绿篱。

置疑小檗

Berberis dubia Schneid.

小檗科Berberidaceae，小檗属*Berberis*

形态特征：落叶灌木，高1～3 m。老枝灰黑色，具棱槽和黑色疣点，幼枝紫红色，具棱槽；茎刺单生或三分叉，长7～20 mm。叶纸质，狭倒卵形，长1.5～3 cm，宽5～8 mm，先端近渐尖，基部渐狭，边缘具细刺齿。总状花序由5～10朵花组成，长1～3 cm；花黄色；萼片2轮，外萼片卵形，内萼片阔倒卵形；花瓣椭圆形，先端浅缺裂，基部楔形，具2枚腺体。浆果倒卵状椭圆形，红色。花期：5～6月；果期：8～9月。

分布区域：产于中国甘肃、宁夏、青海、内蒙古。

生长习性：喜光，稍耐阴，耐旱、耐寒。对土壤要求不严。

栽培管理：播种或扦插繁殖。

景观应用：分枝密，姿态圆整，春开黄花，秋季红果，叶色紫红，果实经冬不落，是花、果、叶俱佳的观赏花木。适于园林中孤植、丛植或可栽作绿篱。

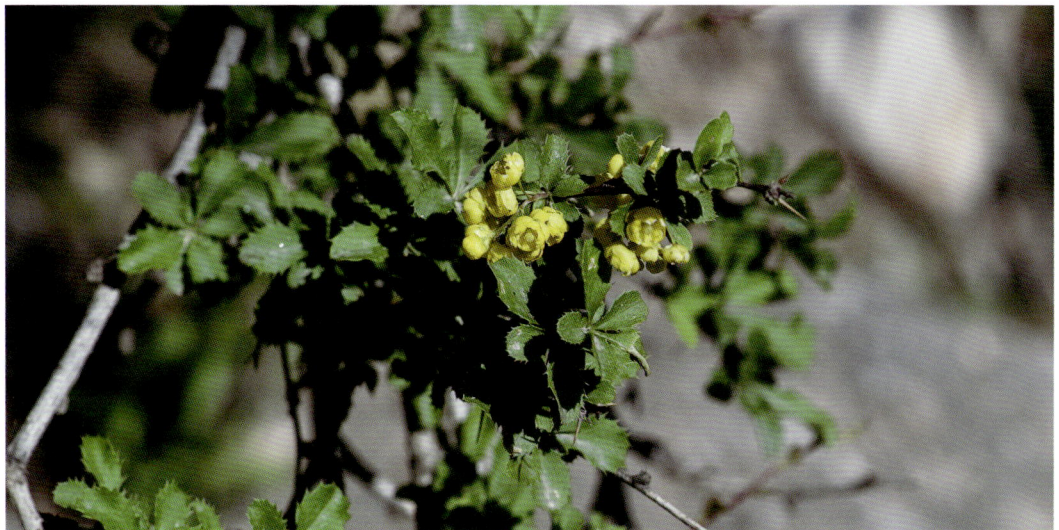

紫叶小檗（红叶小檗）

Berberis thunbergii 'Atropurpurea'

小檗科 Berberidaceae，小檗属 *Berberis*

形态特征：落叶灌木，高 1～2 m，多分枝。枝条开展，具细条棱，幼枝淡红带绿色，老枝暗红色；茎刺单一，偶 3 分叉；节间长 1～1.5 cm。单叶簇生，倒卵形、匙形或菱状卵形，先端骤尖或钝圆，基部楔形，全缘。花单生或 2～5 朵近簇生；花小，黄色。浆果椭圆形，熟时红色。种子 1～2 枚，棕褐色。花期：4～6 月；果期：7～10 月。

分布区域：原产日本，中国大部分省区有栽培。

生长习性：喜光，稍耐阴，耐寒，萌芽力强，耐修剪。在排水良好的砂壤土生长良好。

栽培管理：播种或扦插繁殖。扦插于每年的 7 月至翌年 3 月，选取 1～2 年生的粗壮枝，扦插前使用生根液处理，以提高扦插成活率。播种繁殖时，播种量为 10～15 g/m²。

景观应用：枝丛生，叶紫红至鲜红。4 月开花，花黄色，果鲜红色。日本小檗是花、叶、果俱美的观赏植物。常栽培于庭园中或路旁作绿化或绿篱用。

匙叶小檗

Berberis vernae Schneid.

小檗科 Berberidaceae，小檗属 *Berberis*

形态特征：落叶灌木，高0.5～1.5 m。老枝暗灰色，具条棱，散生黑色疣点，幼枝紫红色；茎刺长1～3 cm单生，淡黄色。叶纸质，倒披针形或匙状倒披针形，长1～5 cm，宽0.3～1 cm，先端圆钝，基部渐狭，全缘，偶具1～3刺齿。穗状总状花序具15～35朵花，长2～4 cm；花黄色；小苞片披针形，红色；萼片2轮，外萼片卵形，内萼片倒卵形；花瓣倒卵状椭圆形，全缘，基部呈爪，具2枚分离腺体。浆果长圆形，淡红色。花期：5～6月；果期：8～9月。

分布区域：产于中国甘肃、青海、四川。

生长习性：喜光，喜温暖湿润气候。略耐阴，耐寒，耐旱。对土壤要求不严。

栽培管理：播种或扦插繁殖。定植应施基肥，植篱应注意修剪。

景观应用：株形美观，入秋后果、叶红色，是极好的观叶、观果植物。是配植花篱、点缀山石的好材料。也可盆栽观赏。

红果小檗

Berberis nummularia Bunge

小檗科 Berberidaceae，小檗属 *Berberis*

形态特征：落叶或常绿灌木。具刺，单生或 3～5 分叉；老枝灰褐色，幼枝为红色，有散生黑色疣点。单叶互生，叶片与叶柄连接处有关节。花序为单生、簇生、总状、圆锥或伞形花序；花 3 数；萼片 6，2 轮排列；花瓣 6，黄色，内侧近基部具 2 枚腺体。浆果球形、椭圆形、长圆形、卵形或倒卵形，红紫色。种子 1～10，灰褐色。花期：4～5 月；果期：5～7 月。

分布区域：主产北温带，在中国多分布于西部和西南部地区。

生长习性：喜光，喜温暖潮湿环境，耐旱、耐寒。对土壤要求不高。

栽培管理：分株、播种或扦插繁殖。

景观应用：春开黄花，秋缀红果，艳丽动人，是叶、花、果俱佳的观赏花木。可栽植作花篱或丛植，点缀于池畔、岩石间，也可盆栽观赏或剪取果枝插瓶观赏。

阔叶十大功劳

Mahonia bealei (Fort.) Carr.

小檗科Berberidaceae，十大功劳属*Mahonia*

形态特征：灌木或小乔木，高0.5～4 m。叶狭倒卵形至长圆形，长27～51 cm，宽10～20 cm，具4～10对小叶，叶背被白霜；小叶厚革质，硬直，自叶下部往上小叶渐次变长而狭，最下一对小叶卵形，长1.2～3.5 cm，宽1～2 cm，具1～2粗锯齿。总状花序直立，3～9个簇生；苞片阔卵形或卵状披针形，先端钝；花黄色；花瓣倒卵状椭圆形，基部腺体明显。浆果卵形，深蓝色，被白粉。花期：9月至翌年1月；果期：3～5月。

分布区域：产于中国广东、广西、湖南、湖北、江西、福建、浙江、安徽、陕西、河南、四川。在日本、墨西哥、美国温暖地区以及欧洲等地已广为栽培。

生长习性：喜温暖、湿润和阳光充足的环境，耐阴，较耐寒。对土壤要求不严。

栽培管理：播种或扦插繁殖。生长季节可追施2～3次速效肥，抽叶开花前1次，挂果后1～2次，果实成熟脱落后再补充追肥1次，秋末冬初埋施1次有机肥。

景观应用：叶形奇特，花秋冬开放，芳香宜人，为北方秋冬季重要观花树种，暗蓝色的果实别致，是一种叶、花、果俱佳的观赏植物。可点缀于草坪，或栽于公园、庭院建筑物旁、水榭、窗前等处，也常与假山石配植观赏。

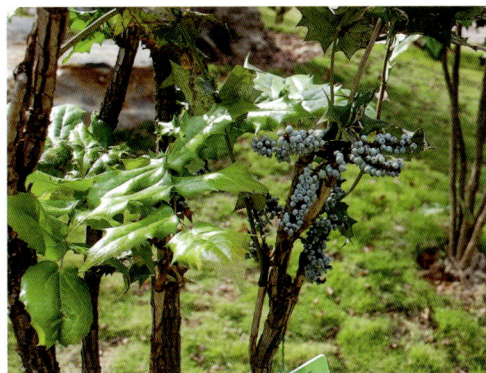

南天竹

Nandina domestica Thunb.

小檗科 Berberidaceae，南天竹属 *Nandina*

形态特征： 常绿小灌木，高 1～3 m。叶互生，集生于茎的上部，三回羽状复叶，长 30～50 cm；二至三回羽片对生；小叶薄革质，椭圆形或椭圆状披针形，长 2～10 cm，宽 0.5～2 cm，顶端渐尖，基部楔形，全缘，冬季变红。圆锥花序直立，长 20～35 cm；花小，白色，具芳香。浆果球形，熟时鲜红色。种子扁圆形。花期 3～6 月；果期 5～11 月。

分布区域： 产于中国福建、浙江、山东、江苏、江西、安徽、湖南、湖北、广西、广东、四川、云南、贵州、陕西、河南。日本、北美也有栽培。

生长习性： 喜温暖、湿润环境，耐低温。喜半阴，见强光后叶色变红。

栽培管理： 播种、扦插或分株繁殖。

景观应用： 枝叶扶疏，清秀挺拔，秋冬叶色变红，红果累累，经久不落，为观叶、观果的优良树种。可植于山石旁、庭屋前或墙角阴处，也可丛植于林缘阴处与树下。

台湾鱼木

Crateva formosensis (Jacobs) B. S. Sun

山柑科Capparaceae，鱼木属*Crateva*

　　形态特征：灌木或乔木，高2～20 m，枝有稍栓质化的纵皱肋纹。小叶干后淡灰绿色至淡褐绿色，质地薄而坚实，侧生小叶基部两侧不对称，花枝上的小叶长10～11.5 cm，宽3.5～5 cm，顶端渐尖至长渐尖，有急尖的尖头，叶柄长5～7 cm，腺体明显，营养枝上的小叶略大，长13～15 cm，宽6 cm。花序顶生，花枝长10～15 cm，花序长约3 cm，有花10～15朵；花梗长2.5～4 cm。果球形至椭圆形，红色。花期：5～6月；果期：9～10月。

　　分布区域：产中国台湾、广东、广西、四川。日本也有分布。

　　生长习性：喜光，喜温暖至高温和湿润气候，适应性强。

　　栽培管理：播种、扦插或分株繁殖。播种可在春、夏季；扦插可在夏季进行。适当遮阴，并保持较高的空气湿度，20天左右可生根。

　　景观应用：枝叶茂盛，花密集美丽，适宜作行道树、孤植树或庭院树栽植。

山梅花

Philadelphus incanus Koehne

虎耳草科Saxifragaceae，山梅花属*Philadelphus*

形态特征：灌木，高1.5～3.5 m；2年生小枝灰褐色，表皮呈片状脱落，当年生小枝浅褐色或紫红色。叶卵形或阔卵形，长6～12.5 cm，宽8～10 cm，先端急尖，基部圆形，花枝上叶较小，边缘具疏锯齿。总状花序有花5～7朵花冠盘状，花瓣白色，卵形或近圆形，基部急收狭。蒴果倒卵形；种子具短尾。花期：5～6月；果期：7～8月。

分布区域：产山西、陕西、甘肃、河南、湖北、安徽和四川。

生长习性：喜光，喜温暖，适应性强，耐寒，耐热，怕水涝。

栽培管理：播种、扦插、压条或分株法繁殖。春季3～4月，可在植株周围挖浅沟，施以磷钾肥，以满足植株花芽分化所需养分。

景观应用：花芳香、花期长，为优良的观赏花木。宜栽植于庭园、风景区、丛植、片植于草坪、山坡、林缘地带，或与建筑、山石等配植。

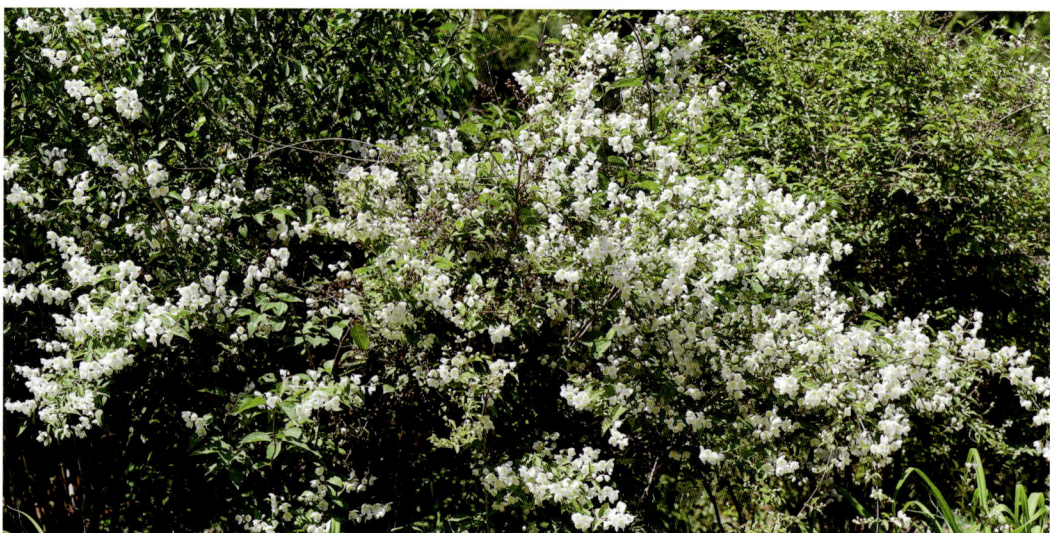

香茶藨子

Ribes odoratum Wendland

虎耳草科Saxifragaceae，茶藨子属*Ribes*

形态特征：落叶灌木，高1～2 m。叶圆肾形或倒卵圆形，基部楔形，有腺体，掌状3～5深裂，具粗钝锯齿。花两性，芳香；总状花序下垂，具5～10花瓣近匙形或近宽倒卵形，浅红色。果球形或宽椭圆形，熟时黑色。花期：5月；果期：7～8月。

分布区域：原产北美洲。中国辽宁和黑龙江等地有栽培。

生长习性：喜光，喜肥沃湿润土壤。较耐阴，耐旱、耐寒、耐盐碱、耐瘠薄，怕湿热。对土壤要求不严。

栽培管理：播种、压条或分株繁殖。

景观应用：花朵繁密，花色鲜艳，花香四溢，果实黄色，是观花、观果的优良灌木，也是北部盐碱地区优良的庭园绿化材料。适于草坪、角隅、岩石旁、庭院、坡地、林缘等处丛植。

沙木蓼

Atraphaxis bracteata A. Los.

蓼科 Polygonaceae，木蓼属 *Atraphaxis*

形态特征： 直立灌木，高 1～1.5 m。主干淡褐色，具肋棱、多分枝；枝延伸，褐色，斜升或成钝角叉开。托叶鞘圆筒状，膜质，顶端具 2 个尖锐牙齿；叶革质，长圆形或椭圆形。总状花序，顶生，长 2.5～6 cm；苞片披针形，上部者钻形，膜质；花被片 5，绿白色或粉红色。瘦果卵形，具三棱形，黑褐色。花果期 6～8 月。

分布区域： 产于中国内蒙古、宁夏、甘肃、青海及陕西。蒙古也有分布。

生长习性： 耐旱、耐寒、抗风蚀、沙埋。生于砂质地、流动沙丘以及河床上。

栽培管理： 播种、扦插繁殖。苗高 5 cm 后，需及时松土锄草，灌水时亩施追肥 12.5 kg。

景观应用： 花稠密而芳香，花初开时鲜红，为良好的蜜源植物和固沙树种。

珊瑚藤

Antigonon leptopus Hook. et Arn.

蓼科Polygonaceae，珊瑚藤属*Antigonon*

形态特征： 多年生攀缘藤本，长达10 m。茎稍木质，有棱角和卷须，生棕褐色短柔毛。叶片卵形或卵状三角形，长6~12 cm，宽4~5 cm，顶端渐尖，基部心形，近全缘。花序总状，顶生或腋生，花序轴顶部延伸变成卷须；花稀疏，淡红色或白色；花被片5，在果期稍增大，外轮3片比内轮2片大。瘦果卵状三角形。花期：夏秋季。

分布区域： 原产墨西哥；在中国广东、香港、澳门、海南和广西有栽培，或为野生。

生长习性： 喜阳，喜温暖环境，喜湿润、肥沃的酸性土壤。

栽培管理： 播种繁殖，种子落地可自然成苗。

景观应用： 适合凉亭、棚架、栅栏、庭院的垂直绿化，也可植于坡面作地被植物。

沙拐枣（蒙古沙拐枣）

Calligonum mongolicum Turcz.

蓼科 Polygonaceae，沙拐枣属 *Calligonum*

形态特征：灌木，高达 1.5 m。老枝灰白或淡黄色，膝曲；1 年生小枝草质，灰绿色，具关节。叶线形，长 2～4 mm。花 2～3 朵簇生叶腋，花梗下部具关节；花被片卵圆形，白色或淡红色。瘦果椭圆形，果肋稍突起，沟槽明显，每肋具 2～3 行刺，稠密或较稀疏，刺二至三回叉状分枝，毛发状，质脆；瘦果连刺宽椭圆形，黄褐色。花期：5～7 月；果期：6～8 月。

分布区域：产于中国内蒙古、宁夏、甘肃、新疆及青海。蒙古也有分布。

生长习性：抗风蚀、耐沙埋、耐旱、耐高温严寒、耐瘠薄。萌蘖能力强，根系发达，能适应条件极端严酷的干旱荒漠区，是荒漠区典型的沙生植物。

栽培管理：播种、扦插或压条繁殖。播种地应选择阳光充足、空气流通、排水良好的砂质土壤。

景观应用：是优良的防风固沙植物。枝条茂密，花、果及老枝均有观赏价值。适宜作公园绿化，起点缀作用。

木藤蓼（山荞麦）

Fallopia aubertii (L. Henry) Holub

蓼科Polygonaceae，何首乌属*Fallopia*

　　形态特征：半灌木。茎缠绕，长1～4 m，灰褐色。叶簇生稀互生，叶片长卵形或卵形，长2.5～5 cm，宽1.5～3 cm，近革质，顶端急尖，基部近心形。花序圆锥状，腋生或顶生；花被5深裂，淡绿色或白色，花被片外面3片较大。瘦果卵形，3棱，黑褐色。花期：7～8月；果期：8～9月。

　　分布区域：产于中国内蒙古、山西、河南、陕西、甘肃、宁夏、青海、湖北、四川、贵州、云南及西藏。

　　生长习性：喜光，稍耐阴，耐寒，耐瘠薄，耐干旱。喜肥沃深厚、排水良好的砂壤土。

　　栽培管理：播种或扦插繁殖。在苗木长到15～20 cm时采用断主根技术，可促侧根发育，断根后要及时施肥、浇水。

　　景观应用：开花时一片雪白，微香，是良好的蜜源植物。生长迅速，攀缘能力强，宜做绿篱、花墙隔离、遮阴凉棚、假山斜坡等的立体绿化植物。

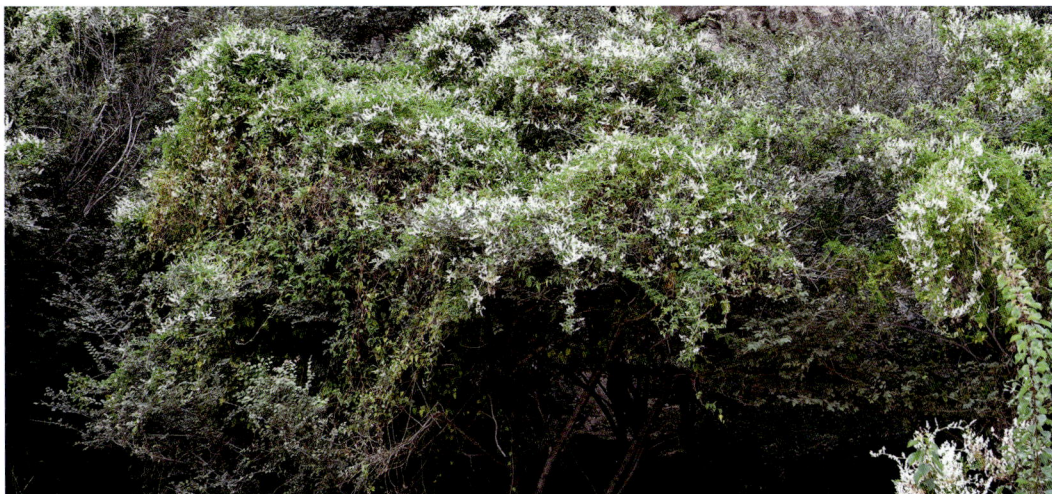

白梭梭

Haloxylon persicum Bunge ex Boiss. et Buhse

藜科 Chenopodiaceae，梭梭属 *Haloxylon*

形态特征： 小乔木，高1～7m。树皮灰白色；老枝灰褐色或淡黄褐色，具环状裂隙。叶鳞片状，三角形，先端具芒尖，平伏于枝，腋间具棉毛。花着生于2年生枝条的侧生短枝上；小苞片舟状，卵形，与花被等长，边缘膜质；花被片倒卵形，先端钝或略急尖，果时背面先端之下1/4处生翅状附属物；翅状附属物扇形或近圆形，淡黄色，基部宽楔形至圆形，边缘微波状或近全缘。胞果淡黄褐色。花期：5～6月；果期：9～10月。

分布区域： 产中国新疆。伊朗、阿富汗、哈萨克斯坦也有分布。

生长习性： 耐严寒，耐干旱，抗高温。生于半流动或半固定沙丘中。

栽培管理： 播种繁殖。常用单行式条播，行距25～30cm。覆土不宜过厚，砂质壤土为1～1.5cm，砂土为2～3cm。

景观应用： 白梭梭是典型的荒漠植物，中国西北地区的优良固沙造林树种。可作薪炭材，也是牛羊等动物饲料的来源。

白刺

Nitraria tangutorum Bobr.

蒺藜科Zygophyllaceae，白刺属*Nitraria*

　　形态特征：灌木，高1～2 m。多分枝；不孕枝先端刺针状；嫩枝白色。叶在嫩枝上2～3片簇生，宽倒披针形，长18～30 mm，宽6～8 mm，先端圆钝，基部渐窄成楔形，全缘，稀先端齿裂。花排列较密集。核果卵形，有时椭圆形，熟时深红色，果汁玫瑰色。果核狭卵形。花期：5～6月；果期：7～8月。

　　分布区域：产于陕西、内蒙古、宁夏、甘肃、青海、新疆及西藏。

　　生长习性：喜碱地，耐干旱，荒漠地带沙地也可生长。生于西北沙漠地区及华北。

　　栽培管理：播种或扦插繁殖。

　　景观应用：枝条平铺地面；花白色淡雅；果熟时鲜红，光泽夺目，观赏价值高且为优良的固沙植物。

霸王

Zygophyllum xanthoxylon (Bunge) Maximowicz

蒺藜科Zygophyllaceae，驼蹄瓣属*Zygophyllum*

　　形态特征：灌木，高50～100 cm。枝弯曲，皮淡灰色，木质部黄色，先端具刺尖，坚硬。叶在老枝上簇生，幼枝上对生；小叶1对，长匙形，狭矩圆形或条形，长8～24 mm，宽2～5 mm，先端圆钝，基部渐狭，肉质，花生于老枝叶腋；萼片4，倒卵形，绿色；花瓣4，倒卵形或近圆形，淡黄色。蒴果近球形。种子肾形。花期：4～5月；果期：7～8月。

　　分布区域：分布于中国内蒙古、甘肃、宁夏、新疆、青海。蒙古也有分布。

　　生长习性：超旱生灌木，耐旱性强。不耐黏重和强烈的盐渍化土壤。

　　栽培管理：播种繁殖。幼苗易发生猝倒病和根腐病，出苗后宜喷代森锰锌（mancozeb）等杀菌剂保护，也可以同时加喷0.2%～0.3%的KH_2PO_4，以增强抗病能力。

　　景观应用：固沙植物，是干旱荒山造林的先锋树种之一，可与白刺、野枸杞、沙棘、柽柳、紫穗槐、梭梭、花棒等混交，起到水土保持和荒山绿化造林的作用。

大花蒺藜

Tribulus cistoides L.

蒺藜科Zygophyllaceae，蒺藜属*Tribulus*

形态特征：多年生草本。枝平卧地面或上升，长30～60 cm，密被柔毛；老枝有节，具纵裂沟槽。托叶对生，长2.5～4.5 cm；小叶4～7对，矩圆形或倒卵状矩圆形，长6～15 mm，宽3～6 mm，先端圆钝或锐尖，基部偏斜被柔毛。花单生于叶腋，直径约3 cm；花瓣倒卵状矩圆形，长约20 mm。果径约1 cm，有小瘤体和锐刺2～4枚。花期：5～6月。

分布区域：分布于海南、云南。生于滨海沙滩、滨海疏林及干热河谷，广布于热带地区。

生长习性：喜温暖湿润气候，耐干旱，适宜在阳光充足的环境下，于疏松肥沃、排水良好的砂质壤土中生长。

栽培管理：播种繁殖。在8月中旬后，掐去各枝的生长点，可使枝蔓上多生短枝，多结果，并能提早成熟。

景观应用：可作地被植物，用于滨海沙地地被覆盖绿化。

紫薇

Lagerstroemia indica L.

千屈菜科 Lythraceae，紫薇属 *Lagerstroemia*

　　形态特征：落叶灌木或小乔木，高可达7 m；树皮波片状剥落后光滑。枝干多扭曲，小枝纤细，具4棱，略成翅状。单叶对生或上部叶互生，纸质，椭圆形、阔矩圆形或倒卵形，长2.5～7 cm，宽1.5～4 cm，顶端短尖或钝形，基部阔楔形或近圆形。顶生圆锥花序，萼6裂；花瓣6，花粉红色或紫色、白色，三角形。蒴果近球形。花期：6～9月；果期：9～12月。

　　分布区域：中国广东、广西、湖南、江西、福建、浙江、江苏、湖北、河南、河北、山东、安徽、陕西、四川、云南、贵州及吉林均有生长或栽培。

　　生长习性：喜光而稍耐阴，喜温暖湿润气候，耐旱，耐寒。具较强的抗污染能力。

　　栽培管理：播种、扦插和分株繁殖。

　　景观应用：树形优美，花色艳丽，花朵繁密，花期长。适于庭院、门前、窗外配植或道路和公园栽植，在园林中孤植或丛植于草坪、林缘。

大花紫薇（大叶紫薇）

Lagerstroemia speciosa (L.) Pers.

千屈菜科Lythraceae，紫薇属*Lagerstroemia*

　　形态特征：乔木，高可达25 m，树皮灰色，平滑。叶革质，矩圆状椭圆形或卵状椭圆形，稀披针形，甚大，长10～25 cm，宽6～12 cm，顶端钝形或短尖，基部阔楔形至圆形。花淡红色或紫色，直径5 cm，顶生圆锥花序长15～25 cm；花瓣6，近圆形至矩圆状倒卵形，长2.5～3.5 cm。蒴果球形至倒卵状矩圆形。花期：5～7月；果期：10～11月。

　　分布区域：中国广东、广西及福建有栽培。分布于斯里兰卡、印度、马来西亚、越南及菲律宾。

　　生长习性：喜光，喜温暖湿润，稍耐旱，较喜土层疏松的土壤。

　　栽培管理：播种繁殖。秋末采集当年成熟的种子，干藏。翌年2～3月播种，易发芽，出苗率高。

　　景观应用：夏季开花，花大，美丽，为华南地区夏季常见木本花卉。花朵满布枝头，非常显眼。常栽培于庭园供观赏，单植、列植、群植均可。

唐古特瑞香（陕甘瑞香、甘肃瑞香）

Daphne tangutica Maxim.

瑞香科 Thymelaeaceae，瑞香属 *Daphne*

　　形态特征：常绿灌木，高达 2 m。叶互生，革质或近革质，披针形、长圆状披针形或倒披针形，长 2～8 cm，宽 0.5～1.7 cm，先端钝，基部下延，楔形。头状花序顶生；花外面紫色或紫红色，内面白色。果卵形或近球形，成熟时红色。花期：4～5 月；果期：5～7 月。

　　分布区域：产山西、陕西、甘肃、青海、四川、贵州、云南、西藏。

　　生长习性：生于海拔 2700～3900 m 的山坡林下或岩石缝中。

　　栽培管理：扦插、压条、嫁接或播种繁殖。

　　景观应用：花开锦簇成团，花香清馨高雅。常种于松柏之前供点缀之用。也可植于林间空地、林缘道旁、山坡台地、假山阴面或散植于岩石间。

光叶子花（簕杜鹃、三角梅、宝巾）

Bougainvillea glabra Choisy

紫茉莉科Nyctaginaceae，叶子花属*Bougainvillea*

　　形态特征：藤状灌木。枝、叶密生柔毛；刺腋生、下弯。叶片椭圆形或卵形，基部圆形。花顶生枝端的3个苞片内，苞片叶状，紫色或洋红色，长圆形或椭圆形，基部圆形至心形，纸质，长2.5～6.5 cm，宽1.5～4 cm；花被管狭筒形，长约2 cm，绿色，顶端5～6裂，裂片开展，黄色。几乎全年开花。

　　分布区域：原产热带美洲。中国南方地区常栽培供观赏。世界各地热带地区普遍栽培。

　　生长习性：喜光，喜温暖至高温湿润气候，不耐寒，生性强健，要求强光和富含腐殖质的肥沃土壤。

　　栽培管理：扦插繁殖。5～6月，剪取成熟的木质化枝条，长20 cm，剪除大部分叶，用砂床或砂质壤土为苗床，保持苗床湿润，易成活。

　　景观应用：苞片叶状，色彩鲜艳如花，且花期持续时间长，宜庭园种植或盆栽，常作盆景、绿篱及修剪造型观赏。在南方栽培作攀缘花卉，花满棚架，色泽鲜艳。北方作为盆花观赏。

银桦

Grevillea robusta A. Cunn. ex R. Br.

山龙眼科 Proteaceae，银桦属 *Grevillea*

形态特征：乔木，高 10～25 m；树皮暗灰色或暗褐色，具浅皱纵裂；嫩枝被锈色绒毛。叶长 15～30 cm，二次羽状深裂，被褐色绒毛和银灰色绢状毛，边缘背卷；叶柄被绒毛。总状花序，长 7～14 cm，腋生，或排成少分枝的顶生圆锥花序，花序梗被绒毛；花橙色或黄褐色。果卵状椭圆形，果皮革质，黑色；种子长盘状。花期：3～5 月；果期：6～8 月。

分布区域：产中国云南、四川、广西、广东、福建、江西、浙江、台湾等地。原产于澳大利亚；现全世界热带、亚热带地区均有栽种。

生长习性：喜光，喜温暖、凉爽的环境。耐干旱和水湿，对有害气体有一定的抗性，耐烟尘，少病虫害。对土壤要求不严，但在质地黏重、排水不良的偏碱性土中生长不良。

栽培管理：播种繁殖。移植时须带土球，并适当疏枝、去叶，减少蒸发，以利成活。

景观应用：银桦树干通直，树形高大美观。宜作行道树、庭荫树；亦适合农村四旁绿化，以及在低山营造速生风景林、用材林。

海桐

Pittosporum tobira (Thunb.) Ait.

海桐花科Pittosporaceae，海桐花属*Pittosporum*

形态特征：常绿灌木或小乔木，高1～6 m，嫩枝被褐色柔毛，有皮孔。叶革质，聚生于枝顶，倒卵形或倒卵状披针形，长4～9 cm，顶端圆，基部渐狭。伞形花序或伞房状伞形花序顶生或近顶生，花白色，有芳香，后变黄色。蒴果圆球形，有棱或呈三角形。花期：3～5月；果熟期：9～10月。

分布区域：产于中国广东、湖南、福建、台湾、江苏、浙江。朝鲜半岛、日本也有分布。世界亚热带地区有栽培。

生长习性：喜光，喜温暖湿润气候，稍耐阴，萌发力强，耐修剪，抗海风。耐轻微盐碱。

栽培管理：播种繁殖。栽培品种还有'花叶'海桐（'斑叶'海桐）*Pittosporum tobia* 'Variegatum'叶面有不规则的乳黄色边缘或乳黄色斑。

景观应用：枝繁叶茂，四季常青，叶色浓绿光亮，树冠球形，夏季白花覆面，秋季红色种子点缀，是重要的绿化观叶树种。可孤植于草坪、花坛之中，或列植成绿篱。可用于高速公路中央分隔带作防眩植物，还可栽植于碎落台、互通立交区及服务区绿化环境。

山桐子

Idesia polycarpa Maxim.

大风子科Flacourtiaceae，山桐子属*Idesia*

形态特征：落叶乔木，高8～21 m。叶薄革质或厚纸质，卵形或心状卵形，或为宽心形，长13～16 cm，宽12～15 cm，先端渐尖或尾状，基部心形，边缘有齿，5基出脉。圆锥花序顶生或腋生，花单性，雌雄异株。浆果成熟期紫红色，扁圆形；种子红棕色，圆形。花期：4～5月；果熟期：10～11月。

分布区域：产中国黄河以南大部分地区。朝鲜、日本的南部也有分布。

生长习性：喜光，不耐阴。喜深厚、潮润、肥沃及疏松的酸性土壤或中性土壤。

栽培管理：播种繁殖。

景观应用：树干通直，果实成串下垂，入秋红艳夺目。为山地营造速生混交林和经济林的优良树种，也可作为庭园绿化树种。

红砂

Reaumuria soongarica (Pallas) Maximowicz

柽柳科Tamaricaceae，红砂属*Reaumuria*

形态特征：小灌木，仰卧，高10～30 cm，多分枝，老枝灰褐色，树皮呈不规则的波状剥裂，皮灰白色，粗糙，纵裂。小枝淡红色。叶肉质，短圆柱形，鳞片状，上部稍粗，微弯，浅灰蓝绿色，具点状的泌盐腺体，4～6枚簇生在叶腋缩短的枝上。花单生叶腋或在幼枝上端集为少花的总状花序状；花瓣5，白色略带淡红色，长圆形。蒴果长椭圆形或纺锤形，具3～4枚种子。种子被黑褐色毛。花期：7～8月；果期：8～9月。

分布区域：产中国新疆、青海、甘肃、宁夏和内蒙古，直至东北地区西部。俄罗斯、蒙古也有分布。

生长习性：喜温暖，忌水湿，耐寒、耐旱、耐瘠薄、耐盐碱，对土壤要求不严。

栽培管理：埋条或容器育苗。幼苗期注意防治立枯病。

景观应用：荒漠绿洲与荒漠过渡带的重要植被，具有良好的防风固沙的作用。可作花坛、花境、庭院及路边绿化材料。

柽柳

Tamarix chinensis Lour.

柽柳科Tamaricaceae，柽柳属*Tamarix*

　　形态特征：落叶乔木或灌木，高2～8 m；树皮红褐色，枝细长，下垂。单叶互生，叶片细小，鳞片状，叶鲜绿色。总状花序生于当年生枝上，组成顶生大圆锥花序；花小，花瓣5，粉红色。花期：4～9月；果期：6～10月。

　　分布区域：产于中国广东、安徽、江苏、山东、河南、河北、辽宁等地。

　　生长习性：喜光，耐旱，抗涝，耐盐碱，抗风沙。深根性，萌芽力强。

　　栽培管理：扦插或播种繁殖。扦插后保持土壤湿润，播种后10～20天出苗，播种量为5 g/m^2，2年生苗可出圃栽植。

　　景观应用：枝叶纤细悬垂，花色淡红清雅，为优良的庭园观花灌木，也是盐碱地绿化树种和防风固沙的造林树种。

短穗柽柳

Tamarix laxa Willd.

柽柳科Tamaricaceae，柽柳属*Tamarix*

形态特征：灌木，高1.5 m，树皮灰色，幼枝灰色、淡红灰色或棕褐色。叶黄绿色，披针形、卵状长圆形至菱形，渐尖或急尖，边缘狭膜质。总状花序被有稀疏长圆形的棕色鳞被；花瓣4，粉红色。蒴果狭，草质。花期：4～5月。

分布区域：产中国新疆、青海、甘肃、宁夏、陕西、内蒙古。俄罗斯、蒙古、伊朗、阿富汗也有分布。

生长习性：喜光，不耐阴、耐寒、耐高温、耐干旱、耐盐碱、耐瘠薄、耐风蚀、抗风能力强。

栽培管理：扦插、播种、压条或分株繁殖。

景观应用：适应性强，是防风、固沙、改良盐碱地的重要造林树种，也是干旱区、盐碱地绿化的主要树种。

细穗柽柳

Tamarix leptostachya Bunge

柽柳科 Tamaricaceae，柽柳属 *Tamarix*

　　形态特征：灌木，高 1～3 m，老枝树皮淡棕色，青灰色或火红色；当年生木质化生长枝灰紫色或火红色；营养枝上的叶狭卵形、卵状披针形，急尖，下延。总状花序长 4～12 cm，宽 2～3 mm，总花梗生于当年生幼枝顶端，顶生密集的球形或卵状大型圆锥花序。花 5 数，小；花瓣倒卵形，淡紫红色或粉红色。花期：6～7 月。

　　分布区域：新疆、青海、甘肃、宁夏、内蒙古。俄罗斯和蒙古也有分布。

　　生长习性：耐旱、耐盐碱、耐风蚀沙埋。

　　栽培管理：播种或扦插繁殖。种子小，在发芽期间不能缺水，需要保持床面湿润。

　　景观应用：细穗柽柳花色艳丽，是防风固沙、造林绿化、水土保持的优良树种。被广泛用于荒漠化防治和盐碱地改良。

越南抱茎茶

Camellia amplexicaulis Cohen Stuart

山茶科Theaceae，山茶属*Camellia*

形态特征：常绿小乔木，高可达7 m。单叶，互生，椭圆形或长椭圆形，先端钝尖，基部耳状抱茎，长15～25 cm，宽6～11 cm，边缘具细齿。花单生或簇生于枝顶或叶腋。花紫红色，花径4～7 cm。花瓣8～13枚，肉质，阔卵圆形，先端圆，内凹。蒴果球形，具3个明显纵裂沟。花期：夏季至秋季，甚至全年；果期：秋冬季。

分布区域：原产于越南北部与中国云南河口接壤的地区。现中国广东、海南、广西、福建和台湾、香港、澳门等均有引种栽培。

生长习性：喜阳，喜微酸性、土层深厚土壤。耐霜冻，耐阴。

栽培管理：播种或嫁接繁殖。

景观应用：花期长，常应用于城市绿地、公园、住宅小区、城市广场、花坛和绿带绿化。

红皮糙果茶

Camellia crapnelliana Tutch

山茶科 Theaceae，山茶属 *Camellia*

形态特征：小乔木，高 5～7 m，树皮红色。叶硬革质，倒卵状椭圆形至椭圆形，长 8～12 cm，宽 4～5 cm，先端短尖，尖头钝，基部楔形，边缘有细钝齿。花顶生，单花，直径 7～10 cm；花冠白色；花瓣倒卵形。蒴果球形。花期：冬季；果熟期：10～11 月。

分布区域：产香港、广西南部、福建、江西及浙江南部。

生长习性：喜阳，耐阴。生于低海拔，富含腐殖质的森林红壤上，或生于岩石湿润谷地。

栽培管理：种子或扦插繁殖。

景观应用：树形优美，树干光滑、红褐色。可孤植于草坪或中心花坛；也可列植于道路两边作为行道树；或丛植于街头绿地、广场小游园、风景林以及山茶专类园的入口处，美化环境。

油茶

Camellia oleifera Abel.

山茶科Theaceae，山茶属*Camellia*

形态特征：小乔木或灌木状。叶革质、椭圆形或倒卵形，先端钝尖，基部楔形，具细齿。花顶生，苞片及萼片约10，革质，宽卵形；花瓣白色，5～7，倒卵形，先端4缺或2裂。蒴果球形。花期：10月至翌年2月；果期：翌年9～10月。

分布区域：从长江流域到华南各地广泛有栽培，主要集中在浙江、江西、河南、湖南、广西等地。

生长习性：喜温暖湿润气候，性喜光，喜酸性土壤，幼年期较耐阴。较耐瘠薄土壤，但以深厚、排水良好的砂质土壤为宜。主根发达，生长缓慢，萌蘖性较强。

栽培管理：播种、扦插或嫁接繁殖。

景观应用：树形优美，叶色深绿，可在园林中孤植、丛植，在大面积的风景区中还可结合景观与生产进行栽培。主要的木本油料树种，又为防火带的优良树种。

茶梅

Camellia sasanqua Thunb.

山茶科Theaceae，山茶属*Camellia*

形态特征：小乔木，嫩枝有毛。叶革质，椭圆形，长3～5 cm，宽2～3 cm，先端短尖，基部楔形；边缘有细锯齿。花直径4～7 cm；花瓣6～7片，阔倒卵形，近离生，最大的长5 cm，宽6 cm，红色。蒴果球形，宽1.5～2 cm；种子褐色。

分布区域：分布于日本，多栽培，中国有栽培品种。

生长习性：喜温暖湿润；宜生长在排水良好、富含腐殖质、湿润的微酸性土壤。较耐寒，抗性较强，病虫害少。

栽培管理：播种、扦插或嫁接繁殖。

景观应用：花色丰富，花繁叶茂，配置于花坛、花境作配景材料，植于林缘、角落、墙基等处作点缀；可于庭院和草坪中孤植或片植。

南山茶（广宁油茶）

Camellia semiserrata Chi

山茶科Theaceae，山茶属*Camellia*

形态特征：乔木，高达12 m，胸径50 cm。叶革质，椭圆形，长9～15 cm，先端稍骤尖，基部宽楔形。花顶生，红色，径7～9 cm。花瓣6～7，倒卵圆形，长4～5 cm，基部连合7～8 mm。蒴果卵圆形，径4～8 cm，红色；果皮木质。花期：12月至翌年2月；果期：翌年10月。

分布区域：产于中国广东西江一带及广西的东南部。

生长习性：喜温暖、湿润，喜腐殖质丰富、排水良好的酸性土壤，怕涝、怕强风。

栽培管理：播种、扦插或嫁接繁殖。

景观应用：树姿优美，叶色深绿有光泽，花色红艳，果实浅红，适宜在公共绿地上栽培。

金莲木（似梨木）

Ochna integerrima (Lour.) Merr.

金莲木科Ochnaceae，金莲木属*Ochna*

　　形态特征：落叶灌木或小乔木，高2～7m；小枝灰褐色，有环纹。叶纸质，椭圆形、倒卵状长圆形或倒卵状披针形，长8～19cm，宽3～5.5cm，顶端急尖或钝，基部阔楔形，边缘有小锯齿。花序近伞房状，长约4cm，生于短枝的顶部；花直径3cm，花柄近基部有关节；萼片长圆形，顶端钝，开放时外反，结果时呈暗红色；花瓣5～7片，倒卵形，长1.3～2cm，顶端钝或圆。核果。花期：3～4月；果期：5～6月。

　　分布区域：产于中国广东、海南、广西。印度、巴基斯坦、缅甸、泰国、马来西亚北部、柬埔寨和越南也有分布。

　　生长习性：喜温暖、湿润及阳光充足的环境，耐热，耐旱，不耐寒。对土壤要求不严。

　　栽培管理：播种繁殖。

　　景观应用：可作为庭院、校园、公园等美化的优良园林风景树，适于孤植或丛植。

红千层

Callistemon rigidus R. Br.

桃金娘科Myrtaceae，红千层属*Callistemon*

　　形态特征：灌木或小乔木。叶片坚革质，线形，长5～9 cm，宽3～6 mm，先端尖锐，油腺点明显，中脉在两面均突起，侧脉明显，边脉位于边上，突起。穗状花序顶生；花瓣绿色，卵形，长6 mm，宽4.5 mm；雄蕊长2.5 cm，鲜红色。蒴果半球形；种子条状。花期：3～10月。

　　分布区域：中国广东、海南、广西、福建、台湾等地有栽培。原产澳大利亚。

　　生长习性：喜光，喜温暖、湿润气候，耐旱、耐瘠薄、耐烈日酷暑。

　　栽培管理：扦插或播种繁殖。扦插繁殖宜在6～8月间进行，扦插后遮阴，并保持土壤湿润。播种繁殖因种子细小，播种后覆土要薄。

　　景观应用：树形优雅，花形秀丽，可孤植、片植观赏。为庭园、居住区、公共绿地绿化的优良树种。可应用于高速公路边坡、碎落台、中央分隔带、互通立交区、服务区景观绿化。

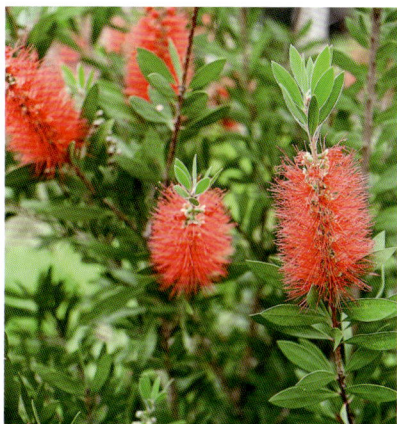

桃金娘

Rhodomyrtus tomentosa (Ait.) Hassk.

桃金娘科Myrtaceae，桃金娘属*Rhodomyrtus*

形态特征：灌木，高1～2 m。叶对生，革质，叶片椭圆形或倒卵形，长3～8 cm，宽1～4 cm，先端圆或钝，基部阔楔形，离基3出脉，直达先端且相结合。花单生，淡紫色或粉红色至白色，花期长，花多而密；花瓣5，倒卵形。浆果卵状壶形，长1.5～2 cm，宽1～1.5 cm，熟时紫黑色。花期：4～5月；果期：9～10月。

分布区域：产于中国广东、广西、江西、福建、台湾、云南、贵州及湖南。生于丘陵坡地。也分布于中南半岛、菲律宾、日本、印度、斯里兰卡、马来西亚及印度尼西亚等地。

生长习性：喜光，喜温暖至高温湿润气候，适应性强，耐干旱和瘠薄。喜酸性土壤。喜生于低丘缓坡地，为酸性土指示植物。

栽培管理：播种繁殖，宜即采即播。9～10月果实转为紫色时即可采集。采收的果实洗净后即可播种，如要晾干储藏，需用湿润细砂与种子混合存放，播种前需催芽处理。

景观应用：树形紧密，四季常青，花期长，花多而密，红花、白花相映成趣。是山坡复绿、水土保持的常绿灌木。可丛植、片植或孤植点缀绿地，为良好的园林野生花卉。

肖蒲桃

Syzygium acuminatissimum (Blume) Candolle

桃金娘科Myrtaceae，蒲桃属*Syzygium*

形态特征：乔木，高20 m；嫩枝圆形或有钝棱。叶片革质，卵状披针形或狭披针形，长5~12 cm，宽1~3.5 cm，先端尾状渐尖，基部阔楔形。聚伞花序排成圆锥花序，长3~6 cm，顶生；花3朵聚生；花瓣白色。浆果球形，成熟时黑紫色。花果期：7~10月。

分布区域：产于中国广东、广西等地。分布至中南半岛、马来西亚、印度、印度尼西亚、菲律宾等地。

生长习性：喜光，喜湿但不耐涝，宜生长于低海拔至中海拔林中。适生于花岗岩上发育形成的土层深厚的微酸性砖红壤。

栽培管理：播种繁殖。苗期被卷叶虫危害时，可用90%敌百虫1500~2000倍液喷洒防治。

景观应用：树干圆满通直、株形优美，姿态优雅，适宜栽培为园景树或行道树。

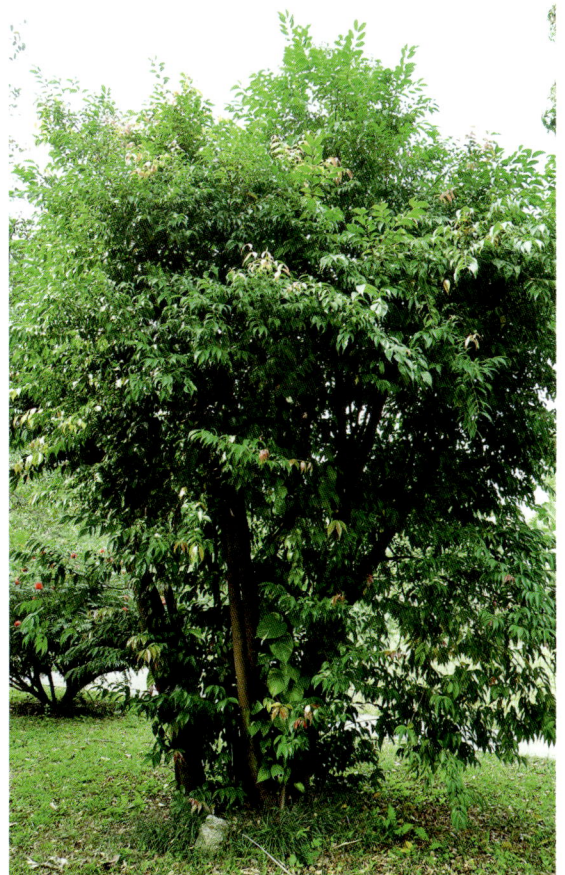

轮叶蒲桃

Syzygium grijsii（*Hance*）**Merr. et Perry**

桃金娘科 Myrtaceae，蒲桃属 *Syzygium*

　　形态特征：灌木，高不及 1.5 m；嫩枝纤细，有 4 棱，干后黑褐色。叶片革质，常 3 叶轮生，狭窄长圆形或狭披针形，长 1.5～2 cm，宽 5～7 mm，先端钝或略尖，基部楔形。聚伞花序顶生，长 1～1.5 cm，花少；花白色；花瓣 4，分离，近圆形。果实球形。花期：5～6 月。

　　分布区域：产于中国广东、广西、江西、福建、浙江、安徽、贵州等地。生于干燥贫瘠山地中。

　　生长习性：喜阳，耐阴，耐干旱、瘠薄。

　　栽培管理：播种或扦插繁殖。

　　景观应用：冠形紧凑，枝叶浓密，花朵粉白色，花丝纤细优美，具有很好的观赏效果，可列植绿篱或丛植观赏。也是传统常用的盆景制作材料。

阔叶蒲桃

Syzygium megacarpum (Craib) Rathakrishnan & N. C. Nair [*Syzygium latilimbum* Merr. et Perry]

桃金娘科Myrtaceae，蒲桃属*Syzygium*

形态特征： 乔木，高20 m；嫩枝稍压扁，干后绿色。叶片狭长椭圆形至椭圆形，长14～30 cm，宽6～13 cm，先端渐尖，基部圆形，有时微心形。聚伞花序顶生，花2～6朵；花大，白色；萼管长倒锥形；花瓣分离，圆形，长2 cm。果实卵状球形，长5 cm。花期：4月。

分布区域： 产于中国广东、广西、云南的南部及西南部。泰国及越南等地也有分布。

生长习性： 喜光，耐干旱、瘠薄和高温，对土壤要求不严。

栽培管理： 播种、扦插和嫁接繁殖。

景观应用： 树冠丰满，花果清香，在园林景观中主要作为常规乔木层植物，宜庭院种植，或作固堤、防风树用。

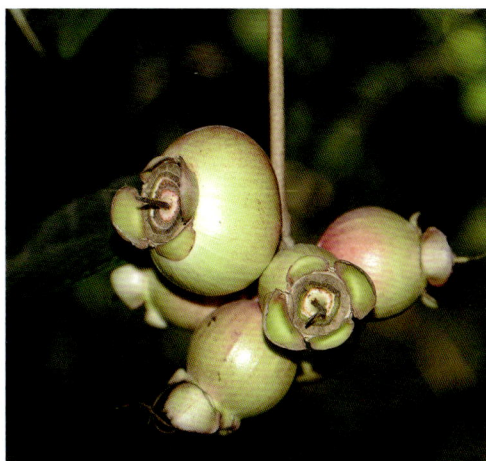

香蒲桃

Syzygium odoratum (Lour.) DC.

桃金娘科Myrtaceae，蒲桃属*Syzygium*

　　形态特征：常绿灌木或小乔木，高可达10 m。嫩叶红色，叶片革质，卵状披针形或卵状长圆形，长3～7 cm，宽1～2 cm，先端尾状渐尖，基部钝或阔楔形。圆锥花序顶生或近顶生，长2～4 cm；花瓣分离或帽状。果实球形，略有白粉。花期：3～4月；果期：8～12月。

　　分布区域：产于中国广东、广西等地。越南也有分布。

　　生长习性：喜光，耐旱、耐盐、耐水湿。

　　栽培管理：播种繁殖。种子宜即采即播，也可与河沙混合短时间储藏（不超过半年）。

　　景观应用：树冠丰满浓郁，花叶果均可观赏，可作庭荫树和固堤、防风树用。嫩叶红色，为良好的彩叶树种。可用于海岸带绿化。

方枝蒲桃

Syzygium tephrodes (Hance) Merr. et Perry

桃金娘科Myrtaceae，蒲桃属*Syzygium*

形态特征：灌木至小乔木，高达6m；小枝有4棱，干后灰白色，老枝圆形，灰褐色。叶片革质，卵状披针形，长2～5cm，宽1～1.5cm，先端钝而渐尖，或钝而略尖，基部微心形。圆锥花序顶生，长3～4cm；花白色，有香气；花瓣连合，圆形。果实卵圆形。花期：5～6月。

分布区域：产海南。华南其他地区有引种栽培。

生长习性：喜光，耐阴、耐涝、耐旱、抗寒。在肥沃疏松、土层深厚、排水良好的砂壤土上生长较迅速。

栽培管理：播种或扦插繁殖。

景观应用：叶色层次丰富，可种植成大色块、绿篱和修剪成球形，是一种可供园林观形、色块造景、绿篱建植、灌木整形、盆栽观赏及林下栽培的优良园林造景树种。

红花玉蕊

Barringtonia acutangula (L.) Gaertn.

玉蕊科Lecythidaceae，玉蕊属*Barringtonia*

　　形态特征：常绿乔木，高可达20 m。叶常丛生枝顶，纸质，倒卵形至倒卵状椭圆形或倒卵状矩圆形，长12～30 cm，宽4～10 cm，顶端短尖至渐尖，基部钝形，微心形，边缘有圆齿状小锯齿。总状花序顶生，长达70 cm或更长；花疏生；花瓣4，椭圆形至卵状披针形。果实卵圆形；种子卵形。花期：6～7月。

　　分布区域：产中国广东和台湾；生滨海地区林中。广布于非洲、亚洲和大洋洲的热带、亚热带地区。

　　生长习性：喜土层深厚富含腐殖质的砂质土壤，具耐旱、耐涝、耐盐能力，在潮水经常浸没的地方也能正常生长。

　　栽培管理：播种或扦插繁殖。

　　景观应用：树形美观，树姿优雅，枝叶婆娑，四季常绿，花期长，其花多，常于傍晚开放，至凌晨飘落。是优良的园林景观树种。

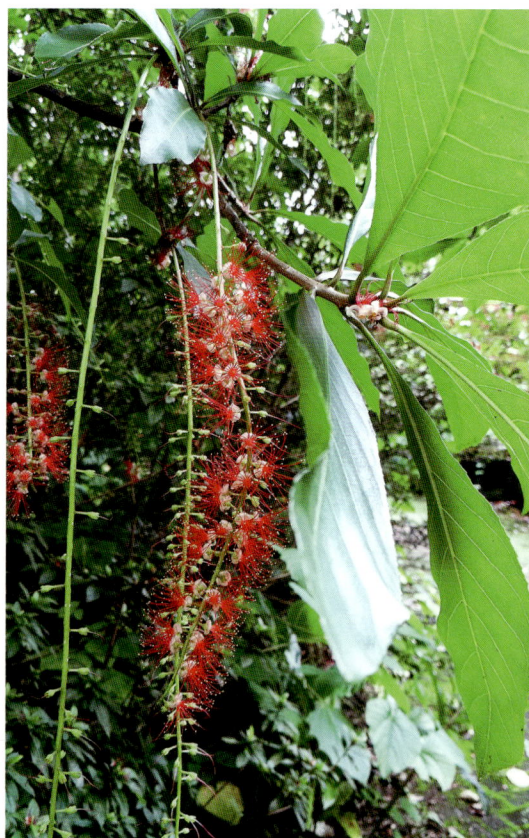

野牡丹

Melastoma malabathricum L.

野牡丹科Melastomataceae，野牡丹属*Melastoma*

形态特征：灌木，高达1.5 m，分枝多；茎钝四棱形或近圆柱形，密被紧贴的鳞片状糙伏毛。叶片卵形或广卵形，顶端急尖，基部浅心形或近圆形，长4～10 cm，宽2～6 cm，全缘，基出脉7，两面被糙伏毛及短柔毛。伞房花序生于分枝顶端，近头状，有花3～5朵；花瓣玫瑰红色或粉红色，倒卵形，长3～4 cm。蒴果坛状球形；种子镶于肉质胎座内。花期：5～7月；果期：10～12月。

分布区域：产于中国广东、海南、湖南、江西、浙江、福建、台湾、广西、贵州、四川、云南、西藏。

生长习性：喜光，喜温暖湿润的气候，稍耐阴、耐旱和耐瘠薄。

栽培管理：播种或扦插繁殖。

景观应用：花色艳丽，植株圆整，为优良的木本观花植物，可孤植或片植，或丛植布置园林。还可用于特殊生境生态恢复。

毛稔（毛菍）

Melastoma sanguineum Sims

野牡丹科Melastomataceae，野牡丹属*Melastoma*

　　形态特征：大灌木，高1.5～3 m；茎、小枝、叶柄、花梗及花萼均被平展的长粗毛，毛基部膨大。叶片坚纸质，卵状披针形至披针形，顶端渐尖，基部钝或圆形，长8～22 cm，宽2.5～8 cm，全缘，基出脉5，两面被隐藏于表皮下的糙伏毛。伞房花序，顶生，有花1～3朵；花瓣粉红色或紫红色，5～7枚，广倒卵形，长3～5 cm，宽2～2.2 cm。果杯状球形。花果期：几乎全年，6～10月为盛期。

　　分布区域：产于中国广东、海南、广西。印度、马来西亚至印度尼西亚也有。

　　生长习性：喜光，耐旱，喜温暖湿润的气候，对土壤要求不严。

　　栽培管理：播种繁殖。果实成熟时采收，搓去果皮果肉，将种子稍晾干立即播种，覆细土0.5～1 cm，并保持土壤湿润。

　　景观应用：花大而艳丽，可作为庭园观赏植物；可用于特殊生境生态修复。

巴西野牡丹

Tibouchina semidecandra (Mart. et Schrank ex DC.) Cogn.

野牡丹科Melastomataceae，蒂牡花属*Tibouchina*

形态特征：常绿灌木，株高0.5～1.5 m。枝条红褐色；叶对生，椭圆形至披针形，两面具细茸毛。花顶生，大型、5瓣，深紫蓝色，中心的雄蕊白色且上曲；花萼5片，红色，披绒毛。蒴果杯状球形。花期：几乎全年，每年10月至翌年2月为盛花期。

分布区域：原产巴西低海拔山区及平地，中国广东、海南、广西、福建等地有引种栽培。

生长习性：喜光，稍耐寒、耐旱和耐瘠薄。

栽培管理：扦插繁殖。选取茎干充实健壮的枝条，或在整形修剪时的健壮枝条作穗，适宜长度在10～18 cm，然后插入土壤或其他基质内使之生根，保持土壤湿润。

景观应用：花色艳丽，花期长，为优良的木本观花植物，可孤植或片植、丛植。

使君子

Quisqualis indica L.

使君子科Combretaceae，使君子属*Quisqualis*

　　形态特征：落叶攀缘藤本，高2～8 m。叶对生或近对生，叶片膜质，卵形或椭圆形，长5～11 cm，宽2.5～5.5 cm，先端短渐尖，基部钝圆。顶生穗状花序，组成伞房花序；花瓣5，初为白色，后转淡红色。果卵形；种子1颗，圆柱状纺锤形，白色。花期：6～10月；果期：秋末成熟。

　　分布区域：产于中国广东、广西、江西、湖南、福建、台湾（栽培）、贵州、四川、云南。也分布于印度、缅甸至菲律宾。

　　生长习性：喜光，耐旱。喜温暖湿润气候，稍耐阴。

　　栽培管理：播种或扦插繁殖。但以扦插繁殖为主。

　　景观应用：攀爬能力强，宜作棚架廊道垂直绿化。

榄仁树
Terminalia catappa L.
使君子科Combretaceae，榄仁树属*Terminalia*

形态特征：大乔木。枝近顶部密被棕黄色绒毛。叶互生，密集枝顶，倒卵形，长12～22 cm，先端钝圆或短尖，中下部渐窄，基部平截或窄心形全缘；叶柄被毛。穗状花序纤细，腋生，长15～20 cm，雄花生于上部，两性花生于下部。花绿或白色。果椭圆形。种子长圆形。花期：3～6月；果期：7～9月。

分布区域：产于中国广东、海南、台湾、云南。马来西亚、越南以及印度、大洋洲、南美热带海岸均有分布。

生长习性：喜光，抗风、耐瘠薄、耐旱、耐湿和耐盐碱，在沿海沙地、石炭岩土壤均可生长。抗风力强，能耐轻霜及短期-1℃低温。

栽培管理：播种繁殖。

景观应用：树枝平展、树冠如伞状，美观且遮阴效果好，为优良园林绿化树种。防风效果好，可用于海滨绿化、园景树、庭院及行道树种。

千果榄仁

Terminalia myriocarpa Van Huerck et Muell.-Arg.

使君子科Combretaceae，榄仁树属*Terminalia*

　　形态特征：常绿乔木，高达25～35 m，具大板根；小枝圆柱状，被褐色短绒毛。叶对生，厚纸质；叶片长椭圆形，长10～18 cm，宽5～8 cm，全缘或微波状，顶端有1短而偏斜的尖头，基部钝圆。大型圆锥花序，顶生或腋生，长18～26 cm，总轴密被黄色绒毛。花极小，多数，两性，红色。瘦果细小，3翅。花期：8～9月；果期：10月至翌年1月。

　　分布区域：产于中国广西、云南和西藏。越南北部、泰国、老挝、缅甸北部、马来西亚、印度东北部也有分布。

　　生长习性：喜光，耐热，耐湿也耐旱，耐瘠薄、在干湿季分明的环境生长良好。常为林中上层树种。

　　栽培管理：播种繁殖。

　　景观应用：可作行道树、园林绿化树种。

小叶榄仁
Terminalia neotaliala Capuron

使君子科Combretaceae，榄仁树属*Terminalia*

　　形态特征： 落叶大乔木，株高10～15 m，主干直立，冠幅2～5 m。侧枝轮生呈水平展开，树冠层伞形，层次分明。叶提琴状倒卵形，长3～8 cm，宽2～3 cm，全缘，具4～6对羽状脉，4～7叶轮生，深绿色，冬季落叶前变红或紫红色。穗状花序腋生，花两性，花萼5裂，无花瓣；核果纺锤形；种子1个。

　　分布区域： 原产于非洲的马达加斯加。中国广东、福建、台湾沿海一带有引种栽培。

　　生长习性： 性喜高温多湿，耐风、耐热、耐湿、耐碱、耐瘠薄。不拘土质，但以排水良好的肥沃土壤为最佳。

　　栽培管理： 播种繁殖。

　　景观应用： 树形优美，抗强风吹袭，是中国南方地区的园林绿化树种和海岸树种。可孤植、列植或群植用作行道树、景观树。

金丝桃

Hypericum monogynum L.

金丝桃科Hypericoideae，金丝桃属*Hypericum*

形态特征：灌木，高0.5～1.3 m。叶对生；叶片倒披针形或椭圆形至长圆形，长2～11.2 cm，宽1～4.1 cm，先端锐尖至圆形，具细小尖突，基部楔形至圆形。花序为疏松的近伞房状，具1～15朵花，自茎端第1节生出或茎端1～3节生出。花瓣金黄色至柠檬黄色，三角状倒卵形。蒴果宽卵珠形。种子深红褐色，圆柱形。花期：5～8月；果期：8～9月。

分布区域：产于中国广东、广西、江西、浙江、安徽、江苏、福建、台湾、湖南、湖北、山东、河南、陕西、河北、四川及贵州等地。

生长习性：生于山坡、路旁或灌丛中。耐旱、耐瘠薄、耐阳也耐半阴。。

栽培管理：播种、分株或扦插繁殖。扦插时将1年生粗壮的枝条剪成10～15 cm长的扦插枝条，顶端留1～2片叶子。扦插基质宜用清洁的细河沙或蛭石珍珠岩混合配制（1∶1）。扦插后遮阴，保持基质湿润，容易成活。

景观应用：花叶秀丽，花冠如桃花，雄蕊金黄色，细长如金丝绚丽可爱。叶子美丽，是庭院中常见的观赏花木。可植于庭院假山旁及路旁，或点缀草坪。

毛果杜英（尖叶杜英、长芒杜英、大叶杜英）

Elaeocarpus rugosus Roxburgh

杜英科Elaeocarpaceae，杜英属*Elaeocarpus*

形态特征： 常绿乔木，高达30 m。叶聚生于枝顶，革质，倒卵状披针形，长11～20 cm，宽5～7.5 cm，先端钝，基部窄而钝，或为窄圆形，全缘，或上半部有小钝齿。总状花序生于枝顶叶腋内，有花5～14朵；萼片6片，狭窄披针形；花瓣倒披针形，先端7～8裂。核果椭圆形。花期：4～5月；果期：7～8月。

分布区域： 产于中国广东、海南、云南，中南半岛至马来西亚也有分布。

生长习性： 喜光，喜温暖至高温和湿润气候，适应性强，生长迅速。

栽培管理： 播种繁殖，宜随采随播。

景观应用： 树冠塔形，抗风性强，盛花时素洁幽香的花朵悬于枝端，是优良木本花卉和园林风景树。可在园林、路口、林缘等种植，也可作行道树和庭荫树。

山杜英

Elaeocarpus sylvestris (Lour.) Poir.

杜英科 Elaeocarpaceae，杜英属 *Elaeocarpus*

形态特征： 小乔木，高约 10 m。叶纸质，倒卵形或倒披针形，长 4～8 cm，宽 2～4 cm，幼叶长达 15 cm，宽达 6 cm，先端钝，基部窄楔形。总状花序生于枝顶叶腋内，长 4～6 cm；花瓣倒卵形，上半部撕裂，裂片 10～12 条，外侧基部有毛。核果椭圆形。花期：4～5 月。

分布区域： 产于中国广东、海南、广西、江西、湖南、福建、浙江、贵州、四川及云南。越南、老挝、泰国也有分布。

生长习性： 喜光，喜温暖、湿润环境。耐干热，抗污染性强。生长迅速。

栽培管理： 播种繁殖。

景观应用： 枝叶茂密，树冠圆整，老叶及霜后部分叶变红，红绿相间，颇为美丽。宜丛植于草坪、坡地、林缘、庭前、路口，可作背景树，还可列植成绿墙起遮挡和隔声作用。

假苹婆

Sterculia lanceolata Cav.

梧桐科Sterculiaceae，苹婆属*Sterculia*

形态特征：乔木。叶椭圆形、披针形或椭圆状披针形，长9～20 cm，宽3.5～8 cm，顶端急尖，基部近圆形。圆锥花序腋生，长4～10 cm，密集且多分枝；花淡红色，萼片5枚，矩圆状披针形或矩圆状椭圆形，顶端钝或略有小短尖突。蓇葖果鲜红色，长卵形或长椭圆形；种子黑褐色，椭圆状卵形。花期：4～6月；果期：5～8月。

分布区域：产于中国广东、广西、云南、贵州和四川。缅甸、泰国、越南、老挝也有分布。

生长习性：喜光，喜温暖、湿润环境。生长迅速。

栽培管理：播种繁殖。种子宜即采即播。

景观应用：树干通直、树冠球形、翠绿浓密、果鲜红色，为优良的观花、观果树种。可作园林风景树和绿阴树。

梧桐

Firmiana simplex (L.) W. Wight

梧桐科 Sterculiaceae，梧桐属 *Firmiana*

形态特征：落叶乔木，高达 16 m；树皮青绿色，平滑。叶心形，掌状 3～5 裂，直径 15～30 cm，裂片三角形，顶端渐尖，基部心形，基生脉 7 条，叶柄与叶片等长。圆锥花序顶生，长约 20～50 cm，下部分枝长达 12 cm，花淡黄绿色。蓇葖果，膜质，有柄，成熟前开裂成叶状，每蓇葖果有种子 2～4 个；种子圆球形。花期：5～6 月；果期：9～10 月。

分布区域：产于中国南北各地。日本也有分布。

生长习性：喜光，耐旱。喜肥沃、湿润、深厚而排水良好的土壤。

栽培管理：播种、扦插或分株繁殖。秋季果熟时采收，沙藏种子，或播前用温水浸种催芽处理。

景观应用：作行道树或庭园绿化观赏树。宜植于公园、村边、宅旁、山坡等处。

木棉
Bombax ceiba L.

木棉科Bombacaceae，木棉属*Bombax*

形态特征：落叶大乔木，高达25 m，幼树树干和老树枝条上有圆锥状皮刺。掌状复叶，小叶5～7片，长圆形至长圆状披针形，全缘。花较大，单生枝顶叶腋，常为红色，偶有橙红色，花萼杯状，花瓣5。蒴果长圆形，密被灰白色长柔毛和星状柔毛，果内有丝状绵毛。花期：3～4月；果期：5～6月。

分布区域：产于中国广东、海南、广西、江西、福建、台湾、贵州、四川、云南等地。印度、斯里兰卡、中南半岛、马来西亚、印度尼西亚至菲律宾及澳大利亚北部也有分布。现热带地区普遍栽培。

生长习性：喜光，喜高温、湿润气候，耐干旱，抗风，抗大气污染。对土壤要求不严，但在土层深厚，土质疏松肥沃湿润的酸性土或钙质土中生长良好。

栽培管理：播种或扦插繁殖。种子繁殖宜即采即播。

景观应用：先花后叶，是优良的木本花卉树种，也为优良的园林风景树和行道树。可用于互通立交区、服务区绿化。

美丽异木棉

Ceiba speciosa (A.St.-Hil.) Ravenna

木棉科Bombacaceae，吉贝属*Ceiba*

形态特征：落叶乔木，高12～18 m。树干挺拔，树皮绿色或绿褐色，具圆锥状尖刺，成年树下部膨大呈酒瓶状。叶互生，掌状复叶，小叶3～7片，多为5片，倒卵状长椭圆形或椭圆形，中央小叶较大，长7～14 cm，上半部边缘有锯齿，先端突尖或渐尖，基部楔形。花大，1～3朵腋生或数朵聚生枝端，略芳香；花萼杯状，绿色；花瓣5，粉红色或红色，基部黄色或白色带紫斑，也有全白色而内带黄色的，边缘波状而略反卷。蒴果纺锤形，内有绵毛；种子近球形。花期：10～12月；果熟期：5月。

分布区域：中国广东、福建、广西、海南、云南、四川等广泛栽培。原产于南美洲，热带地区多有栽培。

生长习性：喜光，喜高温多湿气候，耐旱，耐瘠薄。对土质要求不苛，但以土层疏松、排水良好的砂壤土为佳。抗风、速生、萌芽力强。

栽培管理：播种繁殖。宜即采即播。

景观应用：为优良的观花乔木，可作庭园树、风景树及行道树。可用于分离式中央分隔带、互通立交区、服务区绿化。

木芙蓉
Hibiscus mutabilis L.

锦葵科Malvaceae，木槿属*Hibiscus*

形态特征：落叶灌木或小乔木，高2～5 m。叶宽卵形至圆卵形或心形，直径10～15 cm，常5～7裂，裂片三角形，先端渐尖，具钝圆锯齿；叶柄长5～20 cm。花单生于枝端叶腋间；萼钟形，长2.5～3 cm，裂片5，卵形；花初开时白色或淡红色，后变深红色，直径约8 cm，花瓣近圆形。蒴果扁球形。花期：8～10月。

分布区域：原产中国湖南。中国广东、广西、江西、湖北安徽、江苏、浙江、福建、台湾、山东、河北、陕西、辽宁、四川、贵州和云南等地栽培。日本和东南亚各国也有栽培。

生长习性：喜光，喜温暖湿润气候，耐旱，耐寒。对SO_2抗性特强，对Cl_2、HCl也有一定抗性。生长较快，萌蘖性强。

栽培管理：扦插或分株繁殖。扦插在秋末冬初落叶后进行，插穗宜选取1年生健壮而充实的枝条，插于沙土中，罩上塑料薄膜保温保湿，1个月左右可生根。

景观应用：花大色艳，为中国栽培悠久的园林观赏植物。根系发达，具有较强的防止水土流失的作用，也可用于边坡、碎落台、中央分隔带、互通立交区、服务区绿化。

朱槿（扶桑、大红花）

Hibiscus rosa-sinensis L.

锦葵科 Malvaceae，木槿属 *Hibiscus*

形态特征： 常绿灌木，高达 3 m。叶阔卵形或狭卵形，长 4～9 cm，宽 25 cm，先端渐尖，基部圆形或楔形，边缘具粗齿或缺刻。花单生于上部叶腋间；花冠漏斗形，玫瑰红色或淡红、淡黄等色，花瓣倒卵形。蒴果卵形。花期：全年。

分布区域： 原产中国中部各地。广东、云南、台湾、福建、广西、四川等地栽培。

生长习性： 喜光，喜温暖、湿润气候，略耐寒，较耐旱，耐修剪。

栽培管理： 扦插繁殖。容易成活。栽培品种有：

（1）艳红朱瑾 *Hibiscus rosa-sinensis* 'Carminato-plenus' 花重瓣、鲜红色；

（2）锦叶扶桑 *Hibiscus rosa-sinensis* var. *Cooperi*

（3）金球朱槿 *Hibiscus rosa-sinensis* 'Flavo-plenus'

（4）花叶扶桑（'七彩'大红花）*Hibiscus rosa-sinensis* 'Variegata' 叶片有黄、白、红等颜色，花单瓣，红色。

景观应用： 花大色艳，四季常开，为优良的园林观赏花卉。也用于碎落台、路肩、中央分隔带、互通立交区、服务区绿化。

木槿
Hibiscus syriacus L.

锦葵科Malvaceae，木槿属*Hibiscus*

形态特征：落叶灌木，高3～4 m。叶菱形至三角状卵形，长3～10 cm，宽2～4 cm，具深浅不同的3裂或不裂，先端钝，基部楔形，边缘具不整齐齿缺。花单生于枝端叶腋间；花钟形，淡紫色，直径5～6 cm，花瓣倒卵形，长3.5～4.5 cm。蒴果卵圆形；种子肾形。花期：7～10月。

分布区域：原产中国中部各地。各地均有栽培。

生长习性：喜光和温暖潮润的气候；对环境的适应性很强，较耐干旱和贫瘠，耐修剪。对土壤要求不严格。

栽培管理：扦插或分株繁殖。常见栽培的有：

（1）粉紫重瓣木槿*Hibiscus syriacus* L. f. 'amplissimus' 落叶灌木。叶纸质，浅3裂，灰绿色，无光泽；花重瓣，粉紫色，内面基部洋红色。产山东。

（2）白花重瓣木槿*Hibiscus syriacus* L. f. 'albus-plenus' 花重瓣，白色，有时略带淡紫色斑，直径6～10 cm。

景观应用：木槿是夏季、秋季的重要观花灌木，可作花篱、绿篱；庭园点缀及室内盆栽。抗SO_2与氯化物等有害气体，还具有很强的滞尘功能，是厂区绿化的主要树种。也用于碎落台、中央分隔带、互通立交区、服务区绿化。

黄槿

Hibiscus tiliaceus L.

锦葵科 Malvaceae，木槿属 *Hibiscus*

　　形态特征：常绿灌木或乔木，高 4～10 m。叶革质，近圆形或广卵形，直径 8～15 cm，先端突尖，基部心形。花序顶生或腋生，数花排列成聚伞花序，总花梗长 4～5 cm，花梗基部有一对托叶状苞片；花瓣黄色，内面基部暗紫色，倒卵形。蒴果卵圆形；种子肾形。花期：6～8 月。

　　分布区域：产中国台湾、广东、福建等地。多生于滨海地区，为海岸防沙、防潮、防风的优良树种。越南、柬埔寨、老挝、缅甸、印度、印度尼西亚、马来西亚及菲律宾等也有分布。

　　生长习性：喜光，喜温暖湿润气候，耐阴，耐寒，耐水湿，耐干旱，耐瘠薄，耐盐碱。

　　栽培管理：播种或扦插繁殖。

　　景观应用：枝叶繁茂，冠型美观，花多色艳，可为行道树及海岸绿化美化栽植，亦可在庭园中丛植作庭荫树。

桐棉（杨叶肖槿）

Thespesia populnea (L.) Soland. ex Corr.

锦葵科 Malvaceae，桐棉属 *Thespesia*

　　形态特征：常绿乔木。叶卵状心形，长7～18 cm，宽4.5～11 cm，先端长尾状，基部心形，全缘。花单生于叶腋间；花梗长2.5～6 cm；花冠钟形，黄色，内面基部具紫色块，长约5 cm。蒴果梨形；种子三角状卵形。花期几乎全年。

　　分布区域：产于中国广东、海南、台湾等地。常生于海边和海岸向阳处。越南、柬埔寨、斯里兰卡、印度、泰国、菲律宾及非洲热带也有分布。

　　生长习性：喜光，耐盐碱，耐干旱。

　　栽培管理：播种繁殖。

　　景观应用：桐棉既能生长在潮间带，也能生长在陆地非盐渍土，是优良的半红树植物。可应用于沿海城市绿化和防护林建设。

秋枫

Bischofia javanica Bl.

大戟科Euphorbiaceae，秋枫属*Bischofia*

形态特征： 常绿或半常绿大乔木，高达40 m，树皮灰褐色至棕褐色。3出复叶，小叶卵形，纸质，顶端急尖，基部宽楔形至钝，边缘有浅锯齿。雌雄异株，圆锥花序腋生。果圆球形，褐色或淡红色。花期：4～5月；果期：8～10月。

分布区域： 产于中国广东、海南、广西、江苏、安徽、浙江、江西、福建、台湾、湖南、湖北、河南、陕西、四川、贵州、云南等地。印度、中南半岛、印度尼西亚、菲律宾、日本、澳大利亚也有分布。

生长习性： 喜光，喜温暖湿润气候。适生于微酸性及中性的湿润肥沃的砂质壤土。

栽培管理： 播种繁殖。宜即采即播或沙藏至翌年春播。

景观应用： 树干挺拔，树冠圆整，宜作庭荫树和行道树。也可用于互通立交区、服务区的绿化。

禾串树

Bridelia balansae Tutcher

大戟科Euphorbiaceae，土蜜树属*Bridelia*

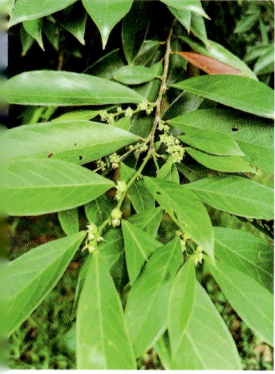

形态特征：乔木，树干通直。叶片近革质，椭圆形或长椭圆形，长5～25 cm，宽1.5～7.5 cm，顶端渐尖或尾状渐尖，基部钝。花密集成腋生的团伞花序；雄花：花瓣匙形；花盘浅杯状；雌花：花瓣菱状圆形；花盘坛状。核果长卵形，成熟时紫黑色。花期：3～8月；果期：9～11月。

分布区域：产于中国广东、海南、广西、福建、台湾、贵州、四川、云南等地。印度、泰国、越南、印度尼西亚、菲律宾和马来西亚等也有分布。

生长习性：喜光，喜温暖湿润气候，也耐干旱、瘠薄环境。生于海拔300～800 m山地疏林或山谷密林中。

栽培管理：播种繁殖。

景观应用：树干通直，枝叶繁茂，可孤植、列植于庭院或作行道树。

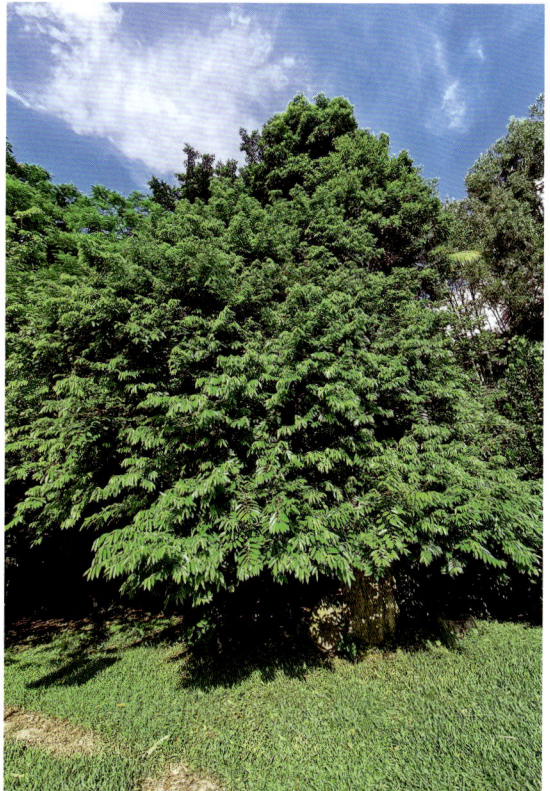

土蜜树

Bridelia tomentosa **Bl.**

大戟科Euphorbiaceae，土蜜树属*Bridelia*

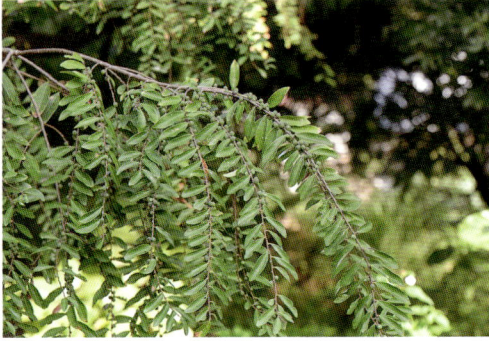

形态特征：直立灌木或小乔木。叶片纸质，长圆形、长椭圆形或倒卵状长圆形，长3～9 cm，宽1.5～4 cm，顶端锐尖至钝，基部宽楔形至近圆。花簇生于叶腋；雄花：花瓣倒卵形；花盘浅杯状；雌花：3～5朵簇生；花瓣倒卵形或匙形；花盘坛状。核果近圆球形；种子褐红色，长卵形。花果期几乎全年。

分布区域：产于中国广东、海南、广西、福建、台湾和云南。亚洲东南部，经印度尼西亚、马来西亚至澳大利亚也有分布。

生长习性：喜温暖湿润气候，喜光，不耐荫蔽；耐旱，耐瘠薄。栽培土质不受限制。

栽培管理：播种繁殖。

景观应用：树枝柔软，终年常绿，果实累累，为观果树种。可用于庭园树、行道树及生态风景林，也适用作荒山造林。

乌桕

Triadica sebifera (L.) Small

大戟科Euphorbiaceae，乌桕属*Triadica*

形态特征： 落叶乔木，高达15 m，具乳液。叶互生，纸质，叶片菱形或菱状卵形，长3～8 cm，宽3～9 cm，顶端骤然紧缩具长短不等的尖头，基部阔楔形或钝；叶柄顶端具2腺体。花单性，雌雄同株，聚集成顶生，长6～12 cm的总状花序，雌花通常生于花序轴最下部，雄花生于花序轴上部。蒴果梨状球形；种子扁球形，黑色，外被白色、蜡质的假种皮。花期：4～8月；果期：8～12月。

分布区域： 产秦岭、淮河以南各地。

生长习性： 喜光，耐旱、耐瘠薄。酸性土、钙质土、盐碱土均能适应。

栽培管理： 播种繁殖。冬季采摘成熟的果实，脱粒后去除杂质，纯净的种子置于通风干燥处贮藏，供翌年春季播种。

景观应用： 叶片秋季变红，是较好的秋色叶树种，适作园景树、行道树。亦宜荒坡绿化。

桃

Amygdalus persica L.

蔷薇科 Rosaceae，桃属 *Amygdalus*

　　形态特征：落叶小乔木。树高 3～8 m，树冠广卵形，小枝紫红色，老枝褐色；叶片长圆披针形、椭圆披针形或倒卵状披针形，长 7～15 cm，宽 2～3.5 cm，先端渐尖，基部宽楔形。花单生，先于叶开放；萼筒钟形，绿色而具红色斑点；萼片卵形至长圆形，顶端圆钝；花瓣长圆状椭圆形至宽倒卵形，粉红色。花期：3～4 月；果熟期：8～9 月。

　　分布区域：原产中国，各地广泛栽培。世界各地均有栽植。

　　生长习性：喜光，耐旱，较耐寒，忌积水。

　　栽培管理：嫁接繁殖为主，也可采用压条法和播种法繁殖。

　　碧桃 *A. persica* 'Duplex' 花重瓣，粉红色。

　　'紫叶'桃 *A. persica* 'Atropurpurea' 叶紫红色，花单瓣或重瓣，粉红色。

　　景观应用：桃花是中国传统的园林花木，其树形优美，花朵丰腴，色彩艳丽，为早春重要的观花树种之一。常植于公共绿地观赏。

山桃

Amygdalus davidiana (Carr.) C. de Vos

蔷薇科 Rosaceae，桃属 *Amygdalus*

　　形态特征：乔木，高可达10 m；树冠开展。叶片卵状披针形，长5～13 cm，宽1.5～4 cm，先端渐尖，基部楔形。花单生，先于叶开放；花瓣倒卵形或近圆形，粉红色。果实近球形，淡黄色；核球形或近球形。花期：3～4月；果期：7～8月。

　　分布区域：产山东、河北、河南、山西、陕西、甘肃、四川、云南等地。

　　生长习性：耐旱、耐寒、耐盐碱。

　　栽培管理：播种繁殖。种植在阳光充足、土壤砂质的地方，管理较为粗放。在华北地区主要作桃、梅、李等果树的嫁接砧木。

　　景观应用：花繁叶茂，色彩鲜艳，可用于庭院内栽植观赏，丛植、孤植于湖畔、池旁的路边，供园林观赏。

蒙古扁桃

Amygdalus mongolica (Maxim.) Ricker

蔷薇科Rosaceae，桃属*Amygdalus*

　　形态特征： 灌木，高1～2 m；枝条开展，多分枝，小枝顶端转变成枝刺；嫩枝红褐色。短枝上叶多簇生，长枝上叶常互生；叶片宽椭圆形、近圆形或倒卵形，长8～15 mm，宽6～10 mm，先端圆钝，基部楔形。花单生；花瓣倒卵形，长5～7 mm，粉红色。果实宽卵球形。花期：5月；果期：8月。

　　分布区域： 产于中国内蒙古、甘肃、宁夏。蒙古也有分布。

　　生长习性： 喜光，根系发达，耐旱、耐寒、耐瘠薄。

　　栽培管理： 播种，扦插和嫁接繁殖。

　　景观应用： 其枝叶翠绿，冠形丰满，用于西北城市园林、庭院绿化，是抗旱节水型的植物材料。

榆叶梅

Amygdalus triloba (Lindl.) Ricker

蔷薇科Rosaceae，桃属*Amygdalus*

　　形态特征：落叶灌木或小乔木。枝紫褐色，粗糙。单叶互生，叶卵形至倒卵形，先端短渐尖，常3裂，叶背被短柔毛，叶缘有不等重锯齿。花1~2朵生于叶腋，粉红色，先于叶开放。果实近球形，顶端具小尖头，红色，外被短柔毛。花期：4月；果期：8月。

　　分布区域：中国北方大部分地区普遍栽植。

　　生长习性：喜光，耐寒、抗旱能力强。对土壤要求不严格，但以中性至微碱性的肥沃疏松的砂壤土为佳。

　　栽培管理：播种或嫁接繁殖。变型种，重瓣榆叶梅*Amygdalus triloba f. multiplex*，花重瓣，粉红色。

　　景观应用：春季开花时节满树粉红色的花团鲜艳夺目，甚为美观。是中国北方用得较多的园林树木之一。

野杏

Armeniaca vulgaris var. *ansu* (Maxim.) Yü et Lu

蔷薇科 Rosaceae，杏属 *Armeniaca*

　　形态特征： 乔木，高5～8 m；树皮灰褐色，纵裂。叶片基部楔形或宽楔形；花常2朵，淡红色；果实近球形，红色；核卵球形，离肉，表面粗糙而有网纹，腹棱常锐利。花期：3～4月；果期：6～7月。

　　分布区域： 产河北、山西、山东、江苏等地。日本、朝鲜也有分布。

　　生长习性： 喜光树种，耐旱，抗寒，抗风，适应性强。

　　栽培管理： 播种或嫁接繁殖。

　　景观应用： 早春开花，先花后叶。可绿化荒山、保持水土，作沙荒防护林的伴生树种。也可与苍松、翠柏配植于池旁湖畔或植于山石崖边、庭院堂前。

毛樱桃

Cerasus tomentosa (Thunb.) Wall.

蔷薇科Rosaceae，樱属*Cerasus*

形态特征： 灌木，稀呈小乔木状，高可达2～3m。小枝紫褐色或灰褐色，嫩枝密被绒毛。叶片卵状椭圆形或倒卵状椭圆形，长2～7cm，宽1～3.5cm，先端急尖或渐尖，基部楔形。花单生或2朵簇生，花叶同开；花瓣白色或粉红色，倒卵形，先端圆钝。核果近球形，红色。花期：4～5月；果期：6～9月。

分布区域： 产于中国黑龙江、吉林、辽宁、内蒙古、河北、山西、陕西、甘肃、宁夏、青海、山东、四川、云南、西藏。生于山坡林中、林缘、灌丛中或草地。

生长习性： 抗寒耐旱，适应范围广；易繁殖，生长快。

栽培管理： 播种、压条或嫁接繁殖。嫁接繁殖可选用樱桃、山樱桃的实生苗作砧木。

景观应用： 树形优美，花朵娇小，果实艳丽，花、叶、果、形均可观赏，是集观花、观果、观形为一体的园林观赏植物。

平枝栒子

Cotoneaster horizontalis **Dcne.**

蔷薇科 **Rosaceae**，栒子属 *Cotoneaster*

形态特征：落叶或半常绿匍匐灌木，枝水平张开成整齐两列状。叶片近圆形或宽椭圆形，长 5～14 mm，宽 4～9 mm，先端急尖，基部楔形，全缘。花 1～2 朵，近无梗，直径 5～7 mm；花瓣直立，倒卵形，先端圆钝，长约 4 mm，宽 3 mm，粉红色；雄蕊短于花瓣。果实近球形，鲜红色。花期：5～6 月；果期：9～10 月。

分布区域：产中国陕西、甘肃、湖北、湖南、四川、贵州、云南。生于灌木丛中或岩石坡上。尼泊尔也有分布。

生长习性：喜温暖湿润的半阴环境，耐寒、耐干旱、耐瘠薄。

栽培管理：扦插或种子繁殖。

景观应用：枝密叶小，红果艳丽，适用于园林地被及制作盆景等。晚秋时叶呈红色，红果累累，是布置岩石园、庭院、绿地和墙沿、角隅的优良材料。

水枸子

Cotoneaster multiflorus Bge.

蔷薇科Rosaceae，枸子属*Cotoneaster*

形态特征：落叶灌木，高达4m；枝条细瘦，常呈弓形弯曲，小枝圆柱形，红褐色或棕褐色。叶片卵形或宽卵形，长2～4cm，宽1.5～3cm，先端急尖或圆钝，基部宽楔形或圆形。花多数，约5～21朵，成疏松的聚伞花序；花直径1～1.2cm；花瓣平展，近圆形，白色。果实近球形或倒卵形，红色。花期：5～6月；果期：8～9月。

分布区域：产于中国黑龙江、辽宁、内蒙古、河北、山西、河南、陕西、甘肃、青海、新疆、四川、云南、西藏。俄罗斯高加索、西伯利亚以及亚洲中部和西部有分布。

生长习性：喜光、耐旱、耐寒、耐贫瘠。

栽培管理：播种和扦插繁殖。

景观应用：其花果繁多且美丽，宜丛植于草坪边缘、园路转角及坡地等处观赏。也是保持水土，涵养水源的重要树种。

细枝栒子

Cotoneaster tenuipes Rehd. et Wils.

蔷薇科 Rosaceae，栒子属 *Cotoneaster*

　　形态特征： 落叶灌木，高1～2 m；小枝细瘦，圆柱形，褐红色。叶片卵形、椭圆卵形至狭椭圆卵形，长1.5～2.5 cm，宽1.2～2 cm，先端急尖或稍钝，基部宽楔形，全缘。花2～4朵成聚伞花序；花直径约7 mm；花瓣直立，卵形或近圆形，先端圆钝，基部有爪，白色有红晕。果实卵形，紫黑色。花期：5～6月；果期：9～10月。

　　分布区域： 产甘肃、青海、四川、云南。

　　生长习性： 喜光，稍耐阴，耐干旱、瘠薄，耐寒，忌湿涝。

　　栽培管理： 扦插、播种繁殖。

　　景观应用： 枝叶茂盛、果实繁多且鲜艳，是布置岩石园、庭院、斜坡和绿地等的优良材料。

西北栒子

Cotoneaster zabelii Schneid.

蔷薇科Rosaceae，栒子属*Cotoneaster*

形态特征：落叶灌木，高达2 m；枝条细瘦张开，小枝圆柱形，深红褐色。叶片椭圆形至卵形，长1.2～3 cm，宽1～2 cm，先端圆钝，基部圆形或宽楔形，全缘。花3～13朵成下垂聚伞花序；花瓣直立，倒卵形或近圆形，先端圆钝，浅红色。果实倒卵形至卵球形，鲜红色，具2小核。花期：5～6月；果期：8～9月。

分布区域：产河北、山西、山东、河南、陕西、甘肃、宁夏、青海、湖北、湖南。

生长习性：喜光，耐阴，耐寒，耐干旱，耐瘠薄。

栽培管理：播种繁殖。

景观应用：为优美的观花、观果树种，可作庭院、园林观赏灌木。可在岩石园、水池边、山石旁配植，斜坡丛植或草坪散植。

阿尔泰山楂（黄果山楂）

Crataegus altaica (Loud.) Lange

蔷薇科 Rosaceae，山楂属 *Crataegus*

　　形态特征：乔木，高 3～6 m；有少量粗壮枝刺，刺长 2～4 cm。叶片宽卵形或三角卵形，长 5～9 cm，宽 4～7 cm，先端急尖，基部截形或宽楔形。复伞房花序，直径 3～4 cm，花多密集；花直径 1.2～1.5 cm；萼筒钟状；萼片三角卵形或三角披针形；花瓣近圆形白色。果实球形，金黄色。花期：5～6 月；果期：8～9 月。

　　分布区域：产中国新疆中部和北部。俄罗斯伏尔加河下游、西伯利亚等地有分布。

　　生长习性：喜光，耐寒，耐干旱。对土壤要求不严格。

　　栽培管理：播种或嫁接繁殖。种子休眠期较长，若翌年春季 4 月播种，秋季将洗净的种子混在湿沙中催芽，翌年 4 月待 1/3 的种子裂咀后播种。

　　景观应用：树势开阔，姿态优美，花繁叶茂，秋冬季节果实累累，可作为园林绿化及荒山造林树种。

甘肃山楂

Crataegus kansuensis Wils.

蔷薇科 Rosaceae，山楂属 *Crataegus*

　　形态特征：灌木或乔木，高2.5～8 m；枝刺多，锥形；小枝细，圆柱形，绿带红色，2年生枝光亮，紫褐色。叶片宽卵形，长4～6 cm，宽3～4 cm，先端急尖，基部截形或宽楔形，边缘有尖锐重锯齿和5～7对不规则羽状浅裂片。伞房花序，直径3～4 cm；花直径8～10 mm；花瓣白色。果实近球形，红色或橘黄色。花期：5月；果期：7～9月。

　　分布区域：产甘肃、宁夏、山西、河北、陕西、贵州和四川等地。

　　生长习性：喜光照，耐瘠薄，稍耐阴，耐旱性和耐寒性较强。

　　栽培管理：播种、嫁接繁殖。

　　景观应用：甘肃山楂初夏白花满树，秋季红果累累，秋叶变黄，观赏期长，可孤植或列植于风景区、公园、庭园观赏。

山楂（山里红）

Crataegus pinnatifida Bge.

蔷薇科 Rosaceae，山楂属 *Crataegus*

　　形态特征：落叶乔木，高达6m，树皮粗糙。叶片宽卵形或三角状卵形；两侧有羽状深裂片，边缘有重锯齿。伞房花序具多花，苞片膜质，边缘有腺齿；花瓣倒卵形或近圆形，白色。果实近球形或梨形，深红色，有浅色斑点。花期：5～6月；果期：9～10月。

　　分布区域：产中国江苏、陕西、河北、山东、山西、内蒙古、吉林、辽宁、黑龙江。朝鲜和俄罗斯也有分布。

　　生长习性：适应性强，喜光也耐阴，喜凉爽，湿润的环境。耐旱，耐寒又耐高温。

　　栽培管理：以播种、分枝或嫁接繁殖为主，也可用枝条和根扦插。但种子有隔年发芽的习性。

　　景观应用：山楂秋季果实累累，经久不凋，颇为美观。可栽培作绿篱和观赏树，还可用于碎落台、服务区绿化。

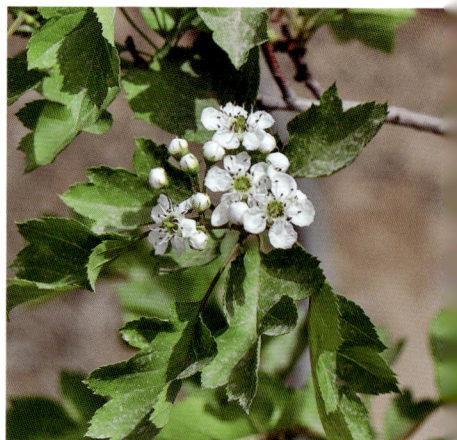

棣棠花

Kerria japonica (L.) DC.

蔷薇科 Rosaceae，棣棠花属 *Kerria*

形态特征：落叶灌木，高 1～2 m；小枝绿色，圆柱形，嫩枝有棱角。单叶互生，叶片卵状椭圆形，顶端长渐尖，基部圆形，边缘有尖锐重锯齿。单花，着生在当年生侧枝顶端；花瓣黄色，宽椭圆形。瘦果倒卵形至半球形。花期：4～6月；果期：6～8月。

分布区域：产于中国甘肃、陕西、山东、河南、湖北、江苏、安徽、浙江、福建、江西、湖南、四川、贵州、云南等地。日本也有分布。

生长习性：喜光，稍耐阴，喜温暖湿润气候。根蘖萌发力强，能自然更新。

栽培管理：分株、扦插、播种繁殖。栽培还有：重瓣棣棠 *Kerria japonica* f. *pleniflora* 花重瓣，南北各地都有栽培。

景观应用：枝青叶翠，花色金黄，是优良的观赏树种，列植于水池岸边、假山石旁、建筑物前、林缘、草坪均佳，亦可作为绿篱。也可用于碎落台、互通立交区、服务区绿化。

山荆子

Malus baccata (L.) Borkh.

蔷薇科Rosaceae，苹果属*Malus*

　　形态特征：乔木，高达10～14 m，树冠广圆形，幼枝红褐色，老枝暗褐色。叶片椭圆形或卵形，长3～8 cm，宽2～3.5 cm，先端渐尖，基部楔形或圆形，边缘有细锐锯齿。伞形花序，具花4～6朵，集生在小枝顶端，直径5～7 cm；花瓣倒卵形，白色。果实近球形，红色或黄色。花期：4～6月；果期：9～10月。

　　分布区域：产于中国辽宁、吉林、黑龙江、内蒙古、河北、山西、山东、陕西、甘肃。蒙古、朝鲜、俄罗斯西伯利亚等地也有分布。

　　生长习性：喜光，耐旱、耐瘠薄，耐寒性极强。

　　栽培管理：播种繁殖。

　　景观应用：冠形美观，早春白花开放，秋季果实艳丽，小巧可爱，经久不落，宜作庭园观赏树种。可用于互通立交区、服务区绿化。

西府海棠

Malus × micromalus Makino

蔷薇科 Rosaceae，苹果属 *Malus*

　　形态特征：小乔木，高达5 m。叶片长椭圆形或椭圆形，长5～10 cm，宽2.5～5 cm，先端急尖或渐尖，基部楔形稀近圆形，边缘有尖锐锯齿。伞形总状花序，花4～7朵，集生于小枝顶端；花直径约4 cm；花瓣近圆形或长椭圆形，粉红色。果实近球形，红色。花期：4～5月；果期：8～9月。

　　分布区域：产于中国辽宁、河北、山西、山东、陕西、甘肃、云南。

　　生长习性：喜光，耐寒，耐旱，忌水涝。

　　栽培管理：嫁接、分株、播种、压条或根插繁殖。

　　景观应用：树姿直立，花朵密集。花红叶绿，果美，孤植、列植、丛植均极美观。多栽培于庭园供绿化观赏。宜植于水滨或小庭一隅。

稠李

Padus avium Miller

蔷薇科 Rosaceae，稠李属 *Padus*

形态特征： 乔木，高达 15 m。叶椭圆形、长圆形或长圆状倒卵形，长 4～10 cm，先端尾尖，基部圆或宽楔形，有不规则锐锯齿，有时兼有重锯齿；叶柄长 1～1.5 cm，幼时被绒毛，顶端两侧各具 1 腺体。总状花序长 7～10 cm，基部有 2～3 叶。萼筒钟状；萼片三角状卵形，有带腺细锯齿，花瓣白色，长圆形。核果卵圆形。花期：4～5 月；果期：5～10 月。

分布区域： 产于中国黑龙江、吉林、辽宁、内蒙古、河北、山西、河南、山东等地。朝鲜、日本、俄罗斯也有分布。在欧洲和北亚长期栽培。

生长习性： 喜光耐阴，耐寒，喜深厚、肥沃、排水良好的砂壤土。

栽培管理： 播种或扦插繁殖。

景观应用： 树势优美，花繁叶茂，可孤植或列植栽培于风景区、公园、庭园观赏。

石楠

Photinia serratifolia (Desfontaines) Kalkman

蔷薇科Rosaceae，石楠属*Photinia*

形态特征：常绿灌木或小乔木，高4～6 m；枝褐灰色。叶片革质，长椭圆形或倒卵状椭圆形，顶端尾尖，基部宽楔形至圆形，边缘有带腺的细锯齿。复伞房花序花多而密；花白色，花瓣近圆形，萼筒杯状。果近球形，红色，后变紫褐色。花期：4～5月；果期：10月。

分布区域：产华南、华东、西南、西北等地区。

生长习性：喜光，喜温暖、湿润气候。耐旱、耐瘠薄土壤，生长强壮。

栽培管理：播种或扦插繁殖。

景观应用：树冠圆形，枝繁叶茂，嫩叶红色，花白色，果实红色，鲜艳夺目，是优良的园林观赏树种。

红叶石楠

Photinia × fraseri

蔷薇科 Rosaceae，石楠属 *Photinia*

　　形态特征： 常绿小乔木或灌木，高达 4～6 m；小枝灰褐色，无毛；叶互生，长椭圆形或倒卵状椭圆形，长 9～22 cm，宽 3～6.5 cm，边缘有疏生腺齿；复伞房花序顶生，花白色，径 6～8 mm；果球形，径 5～6 mm，红色或褐紫色。花期：4～5 月。

　　分布区域： 亚洲东南部、东部，以及北美洲的亚热带与温带地区普遍栽培，在中国许多省份广泛栽培。

　　生长习性： 喜温暖、潮湿、阳光充足的环境。耐寒，耐瘠薄，耐干旱。生长速度快。

　　栽培管理： 扦插繁殖。

　　景观应用： 枝繁叶茂，树冠圆球形，为常用彩叶树种。可修剪成矮小灌木，在园林绿地中作为色块植物片植。可培育成大灌木，群植成大型绿篱或幕墙，在居住区、厂区绿地、街道或公路绿化隔离带应用。

风箱果

Physocarpus amurensis (Maxim.) Maxim.

蔷薇科 Rosaceae，风箱果属 *Physocarpus*

　　形态特征：灌木，高达3m。叶片三角卵形至宽卵形，长3.5～5.5 cm，宽3～5 cm，先端急尖或渐尖，基部心形或近心形，边缘有重锯齿。花序伞形总状，直径3～4 cm；花瓣倒卵形，白色。蓇葖果膨大，卵形内含光亮黄色种子。花期：6月；果期：7～8月。

　　分布区域：产于中国黑龙江、河北。朝鲜及俄罗斯也有分布。

　　生长习性：喜光，耐半阴，耐寒。要求土壤湿润，但不耐水渍。

　　栽培管理：种子繁殖。

　　景观应用：树形美观，花色素雅、花序密集，果实初秋时呈红色，观赏价值高，可植于亭台周围、丛林边缘及假山旁。

紫叶风箱果

Physocarpus opulifolius 'Summer Wine'

蔷薇科 Rosaceae，风箱果属 *Physocarpus*

形态特征： 落叶灌木，高 2～3 m，叶三角状卵形，具浅裂，先端尖，基部广楔形，缘有复锯齿。整个生长季枝叶紫红色，春季和初夏颜色略浅，中夏至秋季为深紫红色。顶生伞形总状花序，花多而密，每个花序 20～60 朵小花，小花直径 0.5～1 cm，花白色；蓇葖果膨大，夏末时呈红色。花期：6～7 月；果熟期：9～10 月。

分布区域： 原产北美，中国河南等地有引种栽培。

生长习性： 喜光、耐寒、耐修剪。

栽培管理： 播种和扦插繁殖。以扦插繁殖为主，大多结合季节修剪进行，主要有硬枝扦插和嫩枝扦插两种方法。

景观应用： 树形优美，色彩艳丽，枝叶密，适合丛植、片植在公园、景区、绿地中用作彩篱，还是北方高寒地区的优良彩叶树种。

金叶风箱果

Physocarpus opulifolius var. *luteus*

蔷薇科 Rosaceae，风箱果属 *Physocarpus*

形态特征： 落叶彩叶花灌木。株高 1～2 m。枝条黄绿色，老枝褐色，较硬，多分枝。叶互生，三角形，具浅裂，初生叶为金黄色，夏至秋季叶为黄色或黄绿色，秋末叶呈黄、红相间色，长为 3～4 cm，花为顶生伞形总状花序，白色，直径 0.5～1 cm；骨葖果实膨大呈卵形，夏末时呈红色。花期：5月；果期：7～8月。

分布区域： 原产北美。现广泛种植于中国华北、东北等北方地区。

生长习性： 喜光，耐寒、耐阴、耐旱、耐瘠薄。

栽培管理： 扦插繁殖，常结合冬季修剪进行。

景观应用： 其枝繁叶茂，叶片金黄，适宜孤植、丛植和带植，也可作路篱、带状花坛背衬或花径或镶边，多应用于城镇绿化。

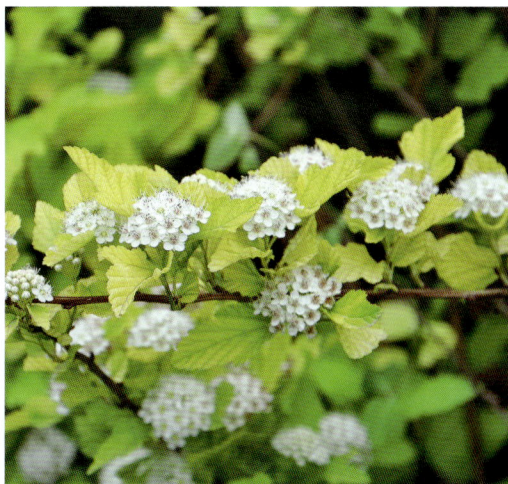

银露梅

Potentilla glabra Lodd.

蔷薇科Rosaceae，委陵菜属*Potentilla*

形态特征：灌木，高2 m，树皮纵向剥落。小枝灰褐色或紫褐色。叶为羽状复叶，有小叶2对，稀3小叶，上面一对小叶基部下延与轴汇合；小叶片椭圆形、倒卵状椭圆形或卵状椭圆形，长0.5～1.2 cm，宽0.4～0.8 cm。顶生单花或数朵；花直径1.5～2.5 cm；花瓣白色，倒卵形。瘦果表面被毛。花果期：6～11月。

分布区域：产于中国内蒙古、河北、山西、陕西、甘肃、青海、安徽、湖北、四川、云南。生于山坡草地、河谷岩石缝、灌丛及林中。

生长习性：喜光，耐旱、耐寒、耐瘠薄。

栽培管理：播种或扦插繁殖。4月上旬播种，混土撒播，播后覆盖遮阴网，保持土壤湿润。4月上旬，选择健壮枝条采穗，于荫棚内扦插，扦插后保持土壤湿润。

景观应用：枝叶繁盛，花白如雪，花期长，为著名观花树种，可作花坛、花境或花篱。适于草坪、林缘、路边及假山岩石间配植。

美人梅

Prunus × *blireana* 'Meiren'

蔷薇科Rosaceae，李属*Prunus*

　　形态特征：落叶小乔木或灌木。叶片卵圆形，长5～9 cm，紫红色，卵状椭圆形。花着生于长、中及短花枝上，粉红色，先花后叶，或花叶同放，萼筒宽钟状，萼片5枚，近圆形至扁圆，花瓣15～17枚，雄蕊多数。花期：3～4月。

　　分布区域：园艺杂交种，由重瓣粉型梅花与红叶李杂交而成。北方引种栽培观赏。

　　生长习性：喜光，喜通风良好、开阔的环境。耐瘠薄、耐寒、耐旱、耐高温。

　　栽培管理：嫁接、压条或扦插繁殖。

　　景观应用：花繁色艳，观赏价值高，为优良的园林观赏、环境绿化树种。可孤植、片植、或与绿色观叶植物相互搭配植于庭院或园路旁。

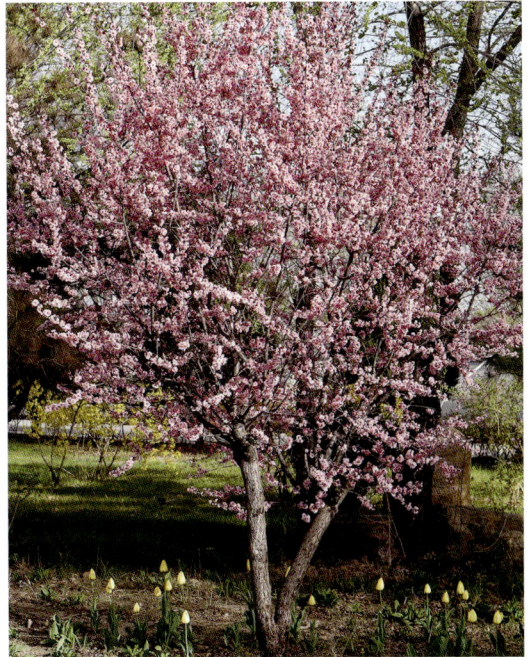

紫叶李

Prunus cerasifera f. *atropurpurea*(Jacq.)Rehd.

蔷薇科Rosaceae，李属*Prunus*

　　形态特征：灌木或小乔木，高可达8 m。叶片椭圆形、卵形或倒卵形，长3～6 cm，宽2～3 cm，先端急尖，基部楔形或近圆形，边缘有圆钝锯齿。花1朵，稀2朵；花瓣白色至粉红色，长圆形或匙形。核果近球形或椭圆形，黄色、红色或黑色，微被蜡粉。花期：4月；果期8月。

　　分布区域：中国各地均有栽培。

　　生长习性：喜光，喜温暖、湿润气候。有一定耐旱能力，较耐寒，稍耐碱。根系较浅，生长旺盛，萌蘖性强。

　　栽培管理：嫁接或扦插繁殖。

　　景观应用：嫩叶鲜红，老叶紫红，红叶终年可见。孤植、群植皆宜，也可作为背景树栽植。可植于建筑物前、园路旁或草坪角隅处。

火棘

Pyracantha fortuneana (Maxim.) Li

蔷薇科 Rosaceae，火棘属 *Pyracantha*

形态特征：常绿灌木，高达3 m；侧枝先端成刺状，嫩枝外被锈色短柔毛，老枝暗褐色。叶片倒卵形或倒卵状长圆形，长1.5～6 cm，宽0.5～2 cm，先端圆钝或微凹，有时具短尖头，基部楔形，边缘有钝锯齿，齿尖向内弯，近基部全缘。花集成复伞房花序，直径3～4 cm；萼筒钟状；萼片三角卵形；花瓣白色，近圆形。果实近球形，橘红色或深红色。花期：3～5月；果期：8～11月。

分布区域：产陕西、河南、江苏、浙江、福建、湖北、湖南、广西、贵州、云南、四川、西藏。

生长习性：喜强光，耐贫瘠，抗干旱，耐旱，耐寒。对土壤要求不严。

栽培管理：嫁接、分株、播种、压条或根插繁殖。

景观应用：常作绿篱，也栽植于草坪，点缀于庭院；配植于风景林地，也是治理山区石漠化的良好植物。

杜梨

Pyrus betulifolia Bunge

蔷薇科 Rosaceae，梨属 *Pyrus*

形态特征：乔木，高达 10 m，枝常具刺。叶片菱状卵形至长圆卵形，先端渐尖，基部宽楔形，边缘有粗锐锯齿。伞形总状花序；花瓣宽卵形，基部具有短爪，白色。果实近球形，褐色，有淡色斑点。花期：4 月；果期：8～9 月。

分布区域：产于中国辽宁、河北、河南、山东、山西、陕西、甘肃、湖北、江苏、安徽、江西。

生长习性：喜光，耐寒，耐涝，耐瘠薄，适应性强。

栽培管理：播种繁殖。

景观应用：树形优美，花色洁白，用于街道、庭院及公园作绿化树。在中国北方盐碱地区作防护林和水土保持林。

白梨

Pyrus bretschneideri Rehd.

蔷薇科Rosaceae，梨属*Pyrus*

形态特征：乔木，高达5～8 m，树冠开展。叶片卵形或椭圆状卵形，长5～11 cm，宽3.5～6 cm，先端渐尖稀急尖，基部宽楔形，边缘有尖锐锯齿，齿尖有刺芒，嫩时紫红绿色。伞形总状花序，花7～10朵；花直径2～3.5 cm；花瓣卵形，基部具有短爪。果实卵形或近球形，黄色；种子倒卵形，褐色。花期：4月，果期：8～9月。

分布区域：产河北、河南、山东、山西、陕西、甘肃、青海。

生长习性：喜光、喜温，耐寒、耐旱、耐涝、耐盐碱。

栽培管理：播种或嫁接繁殖。

景观应用：在园林中孤植于庭院，或丛植于开阔地、亭台边或溪谷、河岸。

石斑木（春花木、车轮梅）

Rhaphiolepis indica (L.) Lindley

蔷薇科 Rosaceae，石斑木属 *Rhaphiolepis*

形态特征： 常绿灌木，高 1～4 m。叶革质，形状各式，卵形至矩圆形或披针形；先端短渐尖，基部狭而成一短柄，叶背网脉明显。伞房花序或圆锥花序顶生，花白色，中心有淡红色或橙红色点缀，其形状似梅花，故称"车轮梅"。果球形，紫黑色。花期：2～3 月；果期：10～12 月。

分布区域： 产中国安徽、浙江、江西、湖南、贵州、云南、福建、广东、广西、台湾。日本、老挝、越南、柬埔寨、泰国和印度尼西亚也有分布。

生长习性： 喜光，耐干旱、瘠薄。耐修剪。

栽培管理： 播种、扦插繁殖。

景观应用： 树冠优美，枝繁叶茂，花形美丽，可植于庭园观赏，或荒坡绿化。宜植于园路转角处，用于空间分隔，或用于作阻挡视线的隐蔽材料。

月季花

Rosa chinensis Jacq.

蔷薇科Rosaceae，蔷薇属*Rosa*

形态特征： 直立灌木，枝具钩状皮刺。小叶3～5，连叶柄长5～11cm；小叶宽卵形或卵状长圆形，长2.5～6cm，有锐锯齿，顶生小叶有柄，侧生小叶近无柄，总叶柄较长，有散生皮刺和腺毛。小叶片宽卵形。花数朵集生，径4～5cm；花梗长2.5～6cm；萼片卵形，内面密被长柔毛；花瓣重瓣，倒卵形，先端有凹缺；花色繁多，红色至白色。果卵球形或梨形，红色。花期：4～9月；果期：6～11月。

分布区域： 原产中国，现世界各地普遍栽培。

生长习性： 喜温暖、日照充足、空气流通的环境。

栽培管理： 月季可用扦插、播种、组织培养等方法繁殖。

景观应用： 著名的园林观赏树种。园林中布置花坛、花境、庭院。

金樱子

Rosa laevigata Michx.

蔷薇科Rosaceae，蔷薇属*Rosa*

　　形态特征：常绿攀缘灌木，高可达5 m。小叶片椭圆状卵形、倒卵形或披针状卵形，长2～6 cm，宽1.2～3.5 cm，先端急尖或圆钝，边缘有锐锯齿。花单生于叶腋，直径5～7 cm；花瓣白色，宽倒卵形，先端微凹。果梨形、倒卵形，紫褐色，外面密被刺毛。花期：4～6月；果期：7～11月。

　　分布区域：产陕西、安徽、江西、江苏、浙江、湖北、湖南、广东、广西、台湾、福建、四川、云南、贵州等地。

　　生长习性：喜光，喜温暖、湿润环境。也耐干旱、瘠薄。对土壤要求不严，性强健。

　　栽培管理：播种、扦插、分株、嫁接或压条繁殖。

　　景观应用：园林景观应用范围较广，可孤植修剪成灌木状，也可攀缘墙垣、篱栅作垂直绿化材料。果实味甜可食，还可药用。

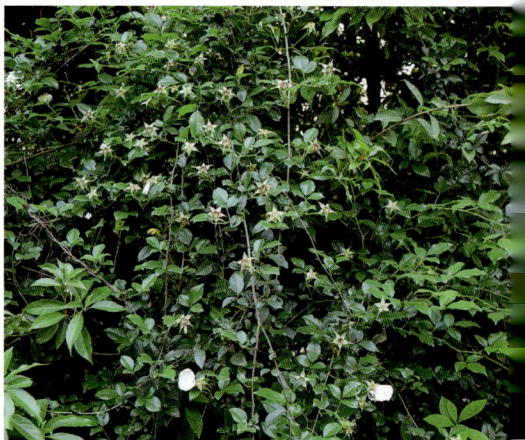

粉团蔷薇（红刺玫）

Rosa multiflora var. *cathayensis* Rehd. et Wils.

蔷薇科 Rosaceae，蔷薇属 *Rosa*

　　形态特征：攀缘灌木。小叶 5～9，近花序的小叶有时 3，连叶柄长 5～10 cm；小叶片倒卵形、长圆形或卵形，长 1.5～5 cm，宽 8～28 mm，先端急尖或圆钝，基部近圆形或楔形，边缘有尖锐单锯齿。花多朵，排成圆锥状花序；花瓣粉红色，单瓣，宽倒卵形，先端微凹，基部楔形。果近球形，红褐色或紫褐色，有光泽。

　　分布区域：产于广东、江西、福建、安徽、浙江、湖北、河南、山东、河北、陕西、甘肃。

　　生长习性：喜光，耐干旱又耐水湿，耐寒，耐瘠薄，对土壤要求不严。

　　栽培管理：播种或扦插繁殖。

　　景观应用：栽培供观赏，可作绿篱、护坡及棚架绿化。

玫瑰

Rosa rugosa Thunb.

蔷薇科Rosaceae，蔷薇属*Rosa*

　　形态特征：直立灌木，高可达2m；茎粗壮、丛生；小枝密被绒毛，并有针刺和腺毛，有直立或弯曲、淡黄色的皮刺，皮刺外被绒毛。小叶5～9，连叶柄长5～13 cm；小叶片椭圆形或椭圆状倒卵形，长1.5～4.5 cm，宽1～2.5 cm，先端急尖或圆钝，基部圆形或宽楔形；托叶边缘有带腺锯齿。花单生于叶腋，或数朵簇生；花直径4～5.5 cm；花瓣倒卵形，重瓣至半重瓣，芳香，紫红色至白色。果扁球形，直径2～2.5 cm，砖红色。花期：5～6月；果期：8～9月。

　　分布区域：原产中国华北以及日本和朝鲜。中国各地均有栽培。

　　生长习性：喜光，耐寒、耐旱。

　　栽培管理：播种、扦插、嫁接、压条和分株繁殖。

　　景观应用：其花色艳丽、花香浓郁，是中国传统的十大名花之一及世界四大切花之一。常作花篱、花境、花坛及坡地栽植。

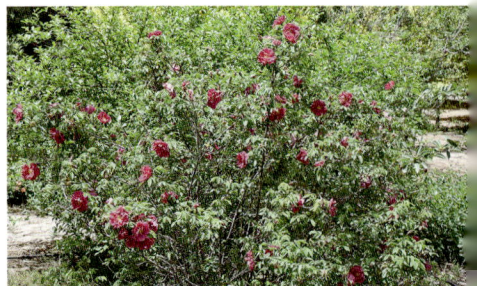

图片为紫花重瓣玫瑰 *Rosa rugosa* f. *plena*

黄刺玫

Rosa xanthina Lindl.

蔷薇科Rosaceae，蔷薇属*Rosa*

　　形态特征： 落叶灌木，高2～3 m。小枝褐色，有散生皮刺，羽状复叶，小叶7～13枚，卵形或近圆形，长0.8～1.5 cm，先端钝或微凹，叶缘有钝齿，叶背幼时有柔毛。花单生，黄色，重瓣或单瓣，花径4.5～5 cm。果实近球形，红褐色。花期：4～6月；果熟期8～9月。

　　分布区域： 产中国东北和华北地区。各地广为栽培。

　　生长习性： 喜光，耐寒，耐旱，耐瘠薄，适应性强。

　　栽培管理： 播种、分株、压条、扦插繁殖。

　　景观应用： 花色鲜艳，花期较长，是北方园林的美丽木本花卉，宜栽于花境、花园、草坪及路边作绿篱，还可绿化荒山，片栽点缀山坡，美化荒山。

珍珠梅

Sorbaria sorbifolia (L.) A.Br.

蔷薇科 Rosaceae，珍珠梅属 *Sorbaria*

形态特征： 落叶丛生灌木，高达 2 m；枝条开展。奇数羽状复叶，小叶 11～17 枚，长 4～7 cm，边缘有尖锐重锯齿。圆锥花序顶生，小花白色。花瓣 5 枚。蓇葖果，长圆柱形，花柱和萼片宿存。花期：6～7 月；果期：8～9 月。

分布区域： 产中国江苏、河北、山东、山西、河南、陕西、甘肃、辽宁、吉林、黑龙江、内蒙古。俄罗斯、朝鲜、日本、蒙古亦有分布。

生长习性： 喜光，耐阴，耐寒。对土壤要求不严，生长快，萌蘖性强。

栽培管理： 繁殖以分株、扦插为主，播种也可。分株宜在春季萌动前或秋季落叶后进行。扦插四季均可进行，以 3 月和 10 月扦插生根快，成活率高。

景观应用： 枝叶优雅，花开雪白，甚为美观，丛植于林阴下，或配以小乔木或灌木如西府海棠、樱花等，效果亦佳。

陕甘花楸

Sorbus koehneana Schneid.

蔷薇科Rosaceae，花楸属*Sorbus*

形态特征：灌木或小乔木，高达4m。奇数羽状复叶；小叶片8～12对，长圆形至长圆披针形，长1.5～3cm，宽0.5～1cm，先端圆钝或急尖，基部偏斜圆形，边缘每侧有尖锐锯齿10～14。复伞房花序多生在侧生短枝上；萼筒钟状；萼片三角形；花瓣宽卵形，先端圆钝，白色。果球形，白色。花期：6月；果期：9月。

分布区域：产山西、河南、陕西、甘肃、青海、湖北、四川。

生长习性：喜光，喜温。喜温润肥沃土壤。

栽培管理：播种繁殖。

景观应用：枝叶秀丽，秋季白色果实累累，是优美的园林观赏树种。常配植于生态林中，起水土保持作用。

华北绣线菊

Spiraea fritschiana Schneid.

蔷薇科 Rosaceae，绣线菊属 *Spiraea*

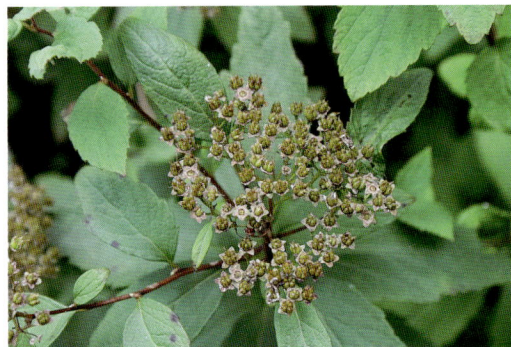

形态特征：落叶性灌木，高 1～2 m。嫩枝褐色。叶片卵形、椭圆卵形或椭圆状长圆形，先端急尖或渐尖，基部宽楔形，边缘有不整齐重锯齿或单锯齿，叶面深绿色，叶背浅绿色，有短柔毛。复伞房花序生于当年直立新枝顶端；苞片披针形；萼筒钟状，内面密被短柔毛，萼片三角形；花瓣白色，在芽中粉红色。蓇葖果。花期：6 月；果期：7～8 月。

分布区域：产河南、江苏、浙江、陕西、山东等地。

生长习性：生于山谷丛林及岩石坡地。

栽培管理：播种、扦插繁殖。常用嫩枝扦插，易成活。播种时，播前先将盆土浇透水，然后均匀地撒上种子，覆一层过筛细土，保湿，约 1 个月时间出苗。

景观应用：为优良的观花灌木。常植作花篱。可用于碎落台、分离式中央分隔带、服务区绿化。

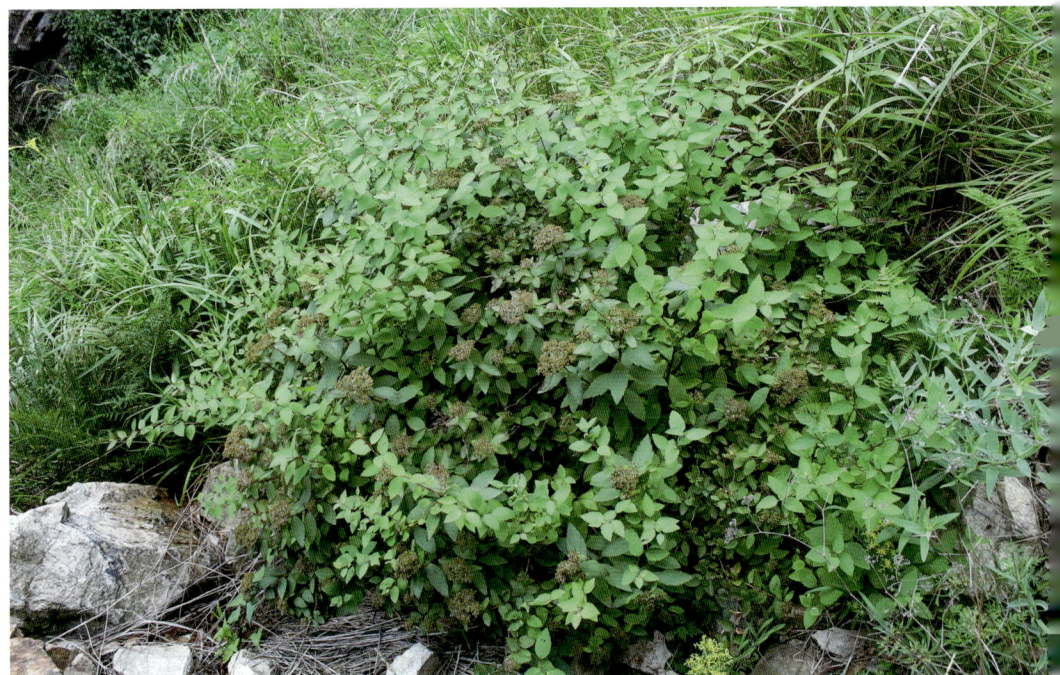

粉花绣线菊

Spiraea japonica L. f.

蔷薇科Rosaceae，绣线菊属*Spiraea*

形态特征： 直立灌木，高达1.5 m；枝条细长，开展。叶片卵形至卵状椭圆形，长2～8 cm，宽1～3 cm，先端急尖至短渐尖，基部楔形，边缘有缺刻状重锯齿或单锯齿，叶面暗绿色，叶背色浅或有白霜，沿叶脉有短柔毛。复伞房花序生于当年生的直立新枝顶端，花朵密集，密被短柔毛；花瓣卵形至圆形，粉红色。蓇葖果半开张。花期：6～7月；果期：8～9月。

分布区域： 原产日本、朝鲜，中国各地栽培供观赏。

生长习性： 喜光，耐寒，耐旱，耐贫瘠。生态适应性强，抗病虫害。

栽培管理： 播种、扦插繁殖。常用嫩枝扦插，易成活。播种时，播前先将盆土洇透水，然后均匀地撒上种子，覆一层过筛细土，保湿，约1个月时间出苗。

景观应用： 花繁叶密，为优良的观花灌木。广泛应用于各种绿地，作地被观花植物、花篱、花境。

蒙古绣线菊

Spiraea mongolica Maxim.

蔷薇科Rosaceae，绣线菊属*Spiraea*

形态特征：灌木，高达3 m。叶片长圆形或椭圆形，长8～20 mm，宽3.5～7 mm，先端圆钝或微尖，基部楔形，全缘。伞形总状花序具总梗，有花8～15朵；花瓣近圆形，白色。蓇葖果。花期：5～7月；果期：7～9月。

分布区域：产于中国内蒙古、河北、河南、山西、陕西、甘肃、青海、四川、西藏。

生长习性：喜光，耐旱，耐贫瘠。

栽培管理：播种、扦插繁殖。花期施2～3次磷、钾肥，秋末施1次越冬肥，以腐熟的有机肥为宜。

景观应用：花朵繁茂，一片雪白，宜在城镇园林绿化中布置广场、居民区绿化。丛植于山坡、水岸、湖旁、石边、草坪角隅或建筑物前后，起点缀或映衬作用，还可作花境。根系发达，可作荒山绿化的先锋植物，起固沙及水土保持的作用。

土庄绣线菊

Spiraea pubescens Turcz.

蔷薇科 Rosaceae，绣线菊属 *Spiraea*

形态特征：灌木，高 1～2 m。叶片菱状卵形至椭圆形，长 2～4.5 cm，宽 1.3～2.5 cm，先端急尖，基部宽楔形，有深刻锯齿。伞形花序具总梗，花 15～20 朵；花瓣卵形、宽倒卵形或近圆形，白色。蓇葖果。花期：5～6 月；果期：7～8 月。

分布区域：产于中国黑龙江、吉林、辽宁、内蒙古、河北、河南、山西、陕西、甘肃、山东、湖北、安徽。蒙古、俄罗斯和朝鲜也有分布。

生长习性：生于干燥岩石坡地、向阳或半阴处。喜光，耐寒，耐旱，耐瘠薄。对土壤要求不高，生长快，分枝力强，管理简单。

栽培管理：播种、扦插或分蘖繁殖。

景观应用：土庄绣线菊生长快，分枝力强，管理简单。株丛密集，观赏性好，可作庭院及风景绿化材料、丛植用作各种图案和造型或作绿篱。

大叶相思

Acacia auriculiformis A. Cunn. ex Benth

含羞草科Mimosaceae，相思树属*Acacia*

　　形态特征：常绿乔木。叶片退化，叶柄变为叶状柄；叶状柄镰状长圆形，长10～20 cm，宽1.5～4（6）cm，两端渐窄。穗状花序长3.5～8 cm，1至数枝簇生于叶腋或枝顶；花橙黄色。荚果成熟时旋卷，长5～8 cm，宽8～12 mm，果瓣木质，每一果内有种子约12颗；种子黑色，围以折叠的珠柄。花期：8～10月；果期：12月至翌年4月。

　　分布区域：中国广东、广西、福建有引种。原产澳大利亚北部及新西兰。

　　生长习性：喜温暖潮湿且阳光充足的环境，耐高温，怕霜冻。适应性强，对土壤要求不高，耐旱，耐瘠薄。

　　栽培管理：播种繁殖。

　　景观应用：大叶相思是丘陵水土流失区和滨海风积沙区造林绿化和改良土壤的主要树种之一。在园林中常用作背景林。

台湾相思

Acacia confusa Merr.

含羞草科Mimosaceae，相思树属*Acacia*

　　形态特征：常绿乔木。苗期第一片真叶为羽状复叶，长大后小叶退化，叶柄变为叶状柄，叶状柄革质，披针形，长6～10 cm，宽5～13 mm，直或微呈弯镰状，两端渐狭、先端略钝。头状花序球形，单生或2～3个簇生于叶腋，直径约1 cm；花金黄色，有微香；花瓣淡绿色。荚果扁平；种子2～8颗，椭圆形。花期：3～10月；果期：8～12月。

　　分布区域：产中国台湾、福建、广东、广西、云南。菲律宾、印度尼西亚、斐济亦有分布。

　　生长习性：喜光树种，喜暖热气候，耐干旱，抗风。

　　栽培管理：播种繁殖。

　　景观应用：树冠美观、遮阴效果好，为优良的遮阴树、行道树、园景树、防风树、护坡树。抗性强，是荒山造林的生态树种及水土保持和沿海防护林的重要树种。

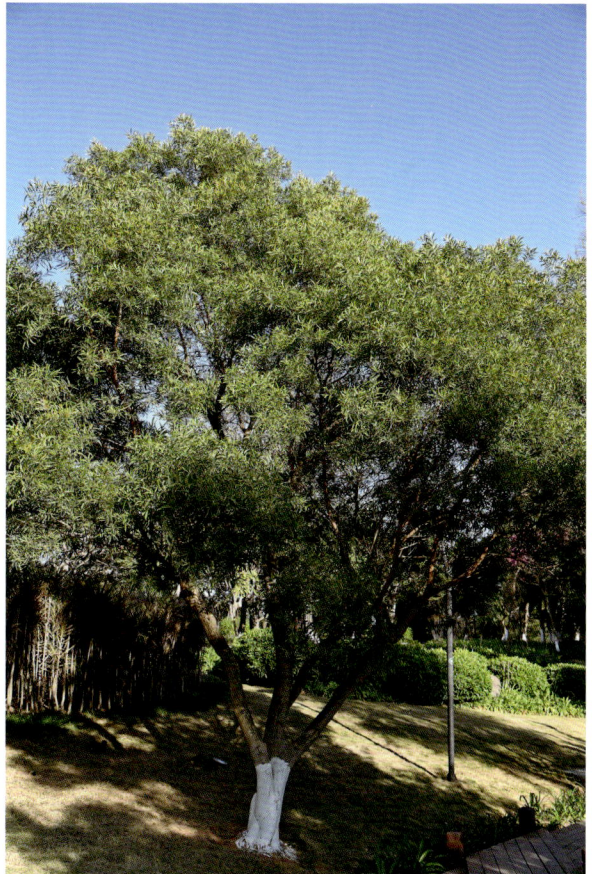

合欢

Albizia julibrissin **Durazz.**

含羞草科Mimosaceae，合欢属*Albizia*

　　形态特征：落叶乔木，高可达16 m，树冠开展。二回羽状复叶，总叶柄近基部及最顶一对羽片着生处各有1枚腺体；羽片4～20对；小叶10～30对，线形至长圆形，长6～12 mm，宽1～4 mm，向上偏斜，先端有小尖头，有缘毛。头状花序于枝顶排成圆锥花序；花粉红色。荚果带状，长9～15 cm，宽1.5～2.5 cm。花期：6～7月；果期：8～10月。

　　分布区域：产中国黄河流域及以南各地。

　　生长习性：喜光，喜温暖，耐寒、耐旱、耐土壤瘠薄及轻度盐碱。对SO_2、HCl等有害气体有较强的抗性。

　　栽培管理：播种繁殖。于9～10月间采种，翌年春季播种，播种前将种子浸泡8～10h后取出播种。

　　景观应用：粉红色花，鲜艳美丽。园林中可用作行道树、庭荫树，也可植于林缘、房前、坡地进行绿化美化。可用于碎落台、互通立交区、服务区绿化。

朱缨花（美蕊花、红绒球）

Calliandra haematocephala Hassk

含羞草科Mimosaceae，朱缨花属*Calliandra*

形态特征：常绿灌木或小乔木，高1～3 m。二回羽状复叶；羽片1对，长8～13 cm；小叶7～9对，斜披针形，长2～4 cm，宽7～15 mm，中上部的小叶较大，下部的较小，先端钝而具小尖头，基部偏斜，边缘被疏柔毛。头状花序腋生，直径约3 cm，有花约25～40朵；花萼钟状，绿色。荚果线状倒披针形；种子5～6颗，长圆形。花期：8～9月；果期：10～11月。

分布区域：原产南美，现热带、亚热带地区常有栽培。中国广东、福建、台湾有引种，栽培供观赏。

生长习性：喜光，喜温暖湿润气候，适生于深厚肥沃排水良好的酸性土壤。也耐旱。

栽培管理：扦插或播种繁殖。

景观应用：朱缨花叶色亮绿，花极美丽，花色鲜红似绒球状，是一种观赏价值较高的花灌木。可应用于碎落台、中央分隔带、互通立交区、服务区绿化。

银合欢

Leucaena leucocephala (Lam.) de Wit

含羞草科 Mimosaceae，银合欢属 *Leucaena*

形态特征：灌木或小乔木，高 2～6 m；幼枝被短柔毛，具褐色皮孔。羽片 4～8 对，长 5～12 cm，叶轴被柔毛，在最下一对羽片着生处有黑色腺体 1 枚；小叶 5～15 对，线状长圆形，长 7～13 mm，宽 1.5～3 mm，先端急尖，基部楔形，边缘被短柔毛，两侧不等宽。头状花序 1～2 个腋生，直径 2～3 cm；花白色；花瓣狭倒披针形。荚果带状；种子 6～25 颗，卵形，褐色。花期：4～7 月；果期：8～10 月。

分布区域：中国广东、海南、广西、福建、台湾和云南有栽培。原产热带美洲，现广布于各热带地区。

生长习性：喜光，适应性强，耐旱，耐瘠薄，耐盐碱，含根瘤菌，生长快。不择土壤。

栽培管理：播种繁殖。播种前先用温水浸泡，播后 3～5 天发芽。

景观应用：耐旱力强，为荒山造林树种，可作绿篱，也与其他种类搭配用于边坡生态恢复。可用于碎落台、互通立交区、服务区绿化。

红花羊蹄甲（紫荆花、洋紫荆）

Bauhinia × *blakeana* Dunn

苏木科Caesalpiniaceae，羊蹄甲属*Bauhinia*

形态特征：乔木；分枝多，小枝细长，被毛。叶革质，近圆形或阔心形，长8.5～13 cm，宽9～14 cm，基部心形，先端2裂约为叶全长的1/4～1/3，裂片顶钝或狭圆；基出脉11～13条；叶柄被褐色短柔毛。总状花序顶生或腋生，有时复合成圆锥花序，被短柔毛；花大，美丽；花蕾纺锤形；萼佛焰状，长约2.5 cm，有淡红色和绿色线条；花瓣紫红色，倒披针形，连柄长5～8 cm，宽2.5～3 cm，近轴的1片中间至基部呈深紫红色。通常不结果。花期：全年，3～4月为盛花期。

分布区域：世界名地广泛栽植。为中国香港市花。

生长习性：喜光，喜温暖至高温湿润气候，适应性强。

栽培管理：播种、嫁接或扦插繁殖。嫁接繁殖采用阔裂叶羊蹄甲、白花羊蹄甲、琼岛羊蹄甲等为砧木，进行高位芽接。嫁接的时期在春季4～5月或秋季8～9月苗木未抽新芽前进行。

景观应用：美丽的观赏树木，花大，紫红色，盛开时花开满树，为广州主要的庭园树之一。可用于互通立交区、服务区绿化。

白花羊蹄甲

Bauhinia acuminata L.

苏木科 Caesalpiniaceae，羊蹄甲属 *Bauhinia*

形态特征：小乔木或灌木；小枝之字曲折。叶近革质，卵圆形，长 9～12 cm，宽 8～12.5 cm，基部心形，先端 2 裂约达叶长的 1/3～2/5，裂片先端急尖或稍渐尖，叶背被灰色短柔毛；基出脉 9～11 条。总状花序腋生，呈伞房花序式，密集，花 3～15 朵；总花梗与花序轴均略被短柔毛；苞片与小苞片线形，具线纹，被柔毛；花蕾纺锤形；萼佛焰状，一边开裂，顶端有 5 枚短的细齿；花瓣白色，倒卵状长圆形。荚果线状倒披针形，扁平；种子 5～12 颗。花期：4～6 月或全年；果期：6～8 月。

分布区域：产中国云南、广西和广东。印度、斯里兰卡、马来半岛、越南、菲律宾有分布。

生长习性：喜温暖、湿润和阳光充足的环境。在肥沃、微酸性而排水良好的砂质壤土中生长良好。

栽培管理：播种或扦插繁殖，以扦插繁殖为主。每年清明节前，剪取 1～2 年生枝条作为插条，扦插在土壤湿润遮阴的地方。

景观应用：白花羊蹄甲为优良的行道树或庭园树种，适宜于路边、水岸边、墙边栽植观赏。可用于互通立交区、服务区绿化。

首冠藤

Bauhinia corymbosa Roxb. ex DC.

苏木科Caesalpiniaceae，羊蹄甲属*Bauhinia*

形态特征： 木质藤本；卷须单生或成对。叶纸质，近圆形，长和宽2～3 cm，自先端深裂达cm长的3/4，裂片先端圆，基部近截平或浅心形。伞房花序式的总状花序顶生于侧枝上，多花，花芳香；花瓣白色，有粉红色脉纹，阔匙形或近圆形，外面中部被丝质长柔毛，边缘皱曲。荚果带状长圆形，扁平；种子长圆形，褐色。花期：4～6月；果期：9～12月。

分布区域： 产于中国广东、海南。世界热带、亚热带地区有栽培供观赏。

生长习性： 喜光，喜温暖至高温湿润气候；适应性强，耐干旱，抗大气污染。

栽培管理： 播种或扦插繁殖。果熟期采摘果穗，除去不饱满的果荚，置于阳光下曝晒，果荚开裂后收纯净种子，种子可贮藏至翌年春季播种。扦插可在春、秋季进行，扦穗要选用成熟健壮的枝条。

景观应用： 枝叶茂盛，花芳香美丽，是一种优良的藤本植物，可攀附于花架、绿廊、隧道洞门栽植，或作为地被植物植于坡地、堤岸或林缘处，也可作绿篱。

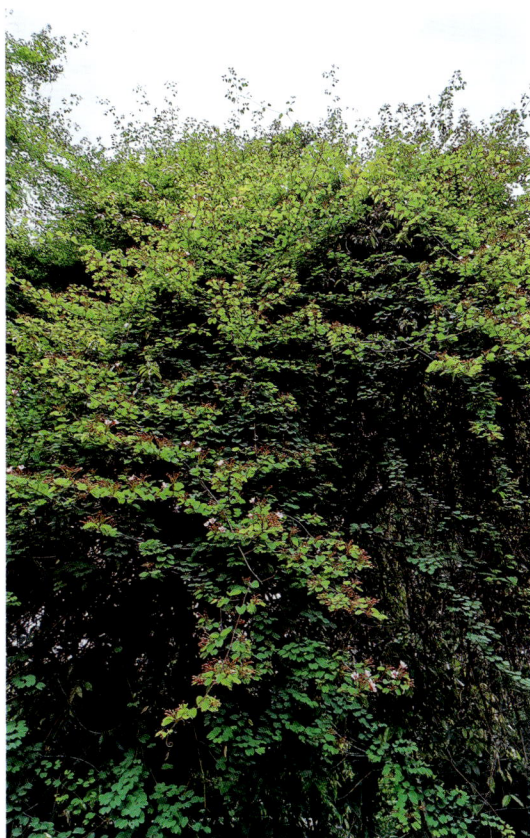

粉叶羊蹄甲

Bauhinia glauca (Wall. ex Benth.) Benth

苏木科 Caesalpiniaceae，羊蹄甲属 *Bauhinia*

形态特征： 木质藤本；卷须略扁，旋卷。叶纸质，近圆形，长 5～7 cm，2 裂达中部或更深裂，先端圆钝，基部阔，心形至截平；基出脉 9～11 条。伞房花序式的总状花序顶生或与叶对生，具密集的花；花瓣白色，倒卵形，具长柄，边缘皱波状，长 10～12 mm。荚果带状，长 15～20 cm，宽 4～6 cm；种子 10～20 颗，卵形，极扁平。花期：4～6 月；果期：7～9 月。

分布区域： 产于中国广东、广西、江西、湖南、贵州、云南。印度、中南半岛、印度尼西亚有分布。

生长习性： 喜光，喜温暖至高温湿润气候，适应性强，耐旱，耐寒，耐瘠薄，抗大气污染。

栽培管理： 播种或扦插繁殖，以春季为适期。果熟期采摘果穗，除去不饱满的果荚，置于阳光下曝晒，果荚开裂后收集纯净种子，宜随采随播。

景观应用： 粉叶羊蹄甲为良好的木质花卉和垂直绿化植物。可依附于棚架、墙壁或岩石向上生长而自然下垂。可用于边坡、挡墙、隧道洞门垂直绿化。

洋紫荆（宫粉羊蹄甲、宫粉紫荆、红花紫荆）
Bauhinia variegata L.

苏木科Caesalpiniaceae，羊蹄甲属*Bauhinia*

　　形态特征：落叶乔木。叶近革质，广卵形至近圆形，长5～9 cm，宽7～11 cm，基部浅至深心形，先端2裂达叶长的1/3，裂片阔。总状花序侧生或顶生；花大，花蕾纺锤形；萼佛焰苞状，一侧开裂为1广卵形、长2～3 cm的裂片；花瓣倒卵形或倒披针形，长4～5 cm，具瓣柄，紫红色或淡红色，杂以黄绿色及暗紫色的斑纹，近轴一片较阔。荚果带状，扁平，具长柄及喙；种子10～15颗。花期：全年，3月最盛。

　　分布区域：产中国南部。印度、中南半岛有分布。

　　生长习性：喜光，稍耐阴，喜温暖至高温湿润气候。

　　栽培管理：播种或扦插繁殖。

　　景观应用：开花时节，繁花似锦，是优良的观花乔木。

紫荆

Cercis chinensis Bunge

苏木科 Caesalpiniaceae，紫荆属 *Cercis*

　　形态特征：丛生或单生灌木，高 2～5 m。叶纸质，近圆形或三角状圆形；先端急尖，基部心形。花紫红色或粉红色，2～10 余朵成束，簇生于老枝和主干上。龙骨瓣基部具深紫色斑纹。荚果扁狭长形；种子 2～6 颗，阔长圆形，黑褐色，光亮。花期：3～4 月；果期：8～10 月。

　　分布区域：产中国，北至河北，南至广东、广西，西至云南、四川，西北至陕西，东至浙江、江苏和山东等地。

　　生长习性：喜光，耐旱，耐寒，耐瘠薄。

　　栽培管理：播种或分株繁殖。

　　景观应用：先花后叶，花形如蝶，满树皆红，艳丽可爱，叶片心形，多丛植于草坪边缘和建筑物旁，园路角隅或树林边缘。可用于小区的园林绿化，还可用于碎落台、互通立交区、服务区绿化。

皂荚

Gleditsia sinensis Lam.

苏木科Caesalpiniaceae，皂荚属*Gleditsia*

形态特征： 落叶乔木或小乔木，高达15 m；枝刺粗壮，圆柱形，常分枝，多呈圆锥状，长达16 cm。一回羽状复叶互生，长10～18 cm；小叶3～9对，纸质，卵状披针形至长圆形，长2～8.5 cm，宽1～4 cm，先端急尖，基部圆形或楔形，边缘具细锯齿。总状花序腋生，花瓣4，黄白色。荚果带状；种子长圆形或椭圆形，棕色，光亮。花期：3～5月；果期：5～12月。

分布区域： 产于中国广东、广西、江西、福建、安徽、浙江、江苏、湖南、湖北、山东、河南、河北、山西、陕西、甘肃、四川、贵州、云南等地。

生长习性： 喜光，适应性广，耐旱，耐热，耐寒，抗污染，固氮。抗逆性强，石灰岩山地、酸性土、盐碱土均能生长。

栽培管理： 播种繁殖。

景观应用： 树冠广阔，枝叶浓密，树形优美，是良好的园景树、庭荫树。常用作防护林和水土保持林。

双荚决明（双荚槐）

Senna bicapsularis (L.) Roxb.

苏木科Caesalpiniaceae，决明属*Senna*

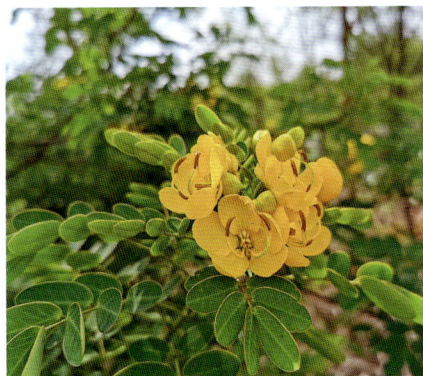

形态特征：直立灌木，多分枝。叶长7～12 cm，有小叶3～4对；叶柄长2.5～4 cm；小叶倒卵形或倒卵状长圆形，膜质，长2.5～3.5 cm，宽约1.5 cm，顶端圆钝，基部渐狭，偏斜；在最下方的一对小叶间有黑褐色线形而钝头的腺体1枚。总状花序生于枝条顶端的叶腋间，集成伞房花序状，长度约与叶相等，花鲜黄色，直径约2 cm。荚果圆柱状。花期：9～12月；果期：11月至翌年3月。

分布区域：栽培于广东、广西等地。原产美洲热带地区，现广布于全世界热带地区。

生长习性：喜光，耐干旱，也耐水湿，对土壤要求不严，以砂壤土为好。

栽培管理：播种或扦插繁殖。

景观应用：花期长，为优良的秋冬至翌年春季观花树种。可列植或群植于庭园、道路两旁或草坪边绿化美化。也可用于边坡、碎落台、互通立交区、服务区绿化。

东京油楠

Sindora tonkinensis A. Cheval. ex K. et S. S. Larsen

苏木科Caesalpiniaceae ， 油楠属*Sindora*

形态特征：乔木，高可达15 m。叶长10～20 cm，有小叶4～5对；小叶革质，卵形、长卵形或椭圆状披针形，长6～12 cm，宽3.5～6 cm，两侧不对称，上侧较狭，下侧较阔，顶端渐尖，基部圆形，边全缘。圆锥花序生于小枝顶端的叶腋，长15～20 cm，密被黄色柔毛；苞片三角形；花梗中部以上有小苞片1～2枚，小苞片椭圆状披针形，两面均被黄色柔毛；萼片4枚，外面密被黄色柔毛，内面密被黄色硬毛；花瓣肥厚，密被黄色柔毛。荚果近圆形或椭圆形，顶端鸟喙状；种子2～5颗，黑色，扁圆形。花期：5～6月；果期：8～9月。

分布区域：原产中南半岛、东南亚的越南和泰国、中国海南岛等地。广州有栽培。

生长习性：喜高温而干湿季节明显的气候，耐阴，耐干旱，能耐0℃左右的短期低温及轻霜。对土壤要求不严，在肥力中等以上的土壤甚至黏重土壤上均能生长良好。

栽培管理：播种繁殖。

景观应用：树干通直、树形优美，为优良的观赏树种，可广泛用于城镇绿化。是一种优良的可再生能源植物，也被称为"柴油树"。

沙冬青

Ammopiptanthus mongolicus (Maxim. ex Kom.)Cheng f.

蝶形花科 Papilionaceae，沙冬青属 *Ammopiptanthus*

　　形态特征：常绿灌木，高 1.5～2 m；树皮黄绿色。茎多叉状分枝，圆柱形，具沟棱。3 小叶，偶为单叶；叶柄密被灰白色短柔毛；小叶菱状椭圆形或阔披针形，长 2～3.5 cm，先端急尖或钝，微凹，基部楔形或宽楔形，两面密被银白色绒毛，全缘总状花序顶生，有 8～12 朵密集的花；花冠黄色，花瓣均具长瓣柄，旗瓣倒卵形，长约 2 cm。荚果扁平，线形。种子圆肾形。花期：4～5 月；果期：5～6 月。

　　分布区域：产于中国内蒙古、宁夏、甘肃。蒙古南部也有分布。

　　生长习性：抗旱性、抗热性强，耐寒、耐盐、耐贫瘠，保水性强。

　　栽培管理：播种繁殖。播种前要对种子进行浸泡，以 50～60℃的温水浸泡 24 h 为宜。

　　景观应用：枝繁叶茂，花色艳丽，适合孤植、群植或作为花篱观赏。为良好的固沙植物。

紫穗槐

Amorpha fruticosa L.

蝶形花科Papilionaceae，紫穗槐属*Amorpha*

形态特征：落叶灌木，丛生，高1～4m。叶互生，奇数羽状复叶，长10～15cm，有小叶11～25片；小叶卵形或椭圆形，长1～4cm，宽0.6～2.0cm，先端圆形，锐尖或微凹，有1短而弯曲的尖刺，基部宽楔形或圆形，具黑色腺点。穗状花序常1至数个顶生和枝端腋生，长7～15cm；旗瓣心形，紫色。荚果。花果期：5～10月。

分布区域：原产北美洲东北部和东南部。现中国东北、华北、西北及山东、安徽、江苏、河南、湖北、广西、四川等地均有栽培。

生长习性：喜光，耐干旱能力强，能在降水量200mm处生长，极耐寒，耐瘠薄，耐水湿和轻度盐碱土。

栽培管理：播种繁殖。播种前，将种子（带荚皮）放入水温约60℃的热水中浸泡，并搅拌种子，自然冷却后浸种24h，滤出进行撒播。

景观应用：为固氮植物，宜栽植于河岸、河堤、沙地、山坡及公路、铁路沿线边坡，可防风固沙、固土护坡。

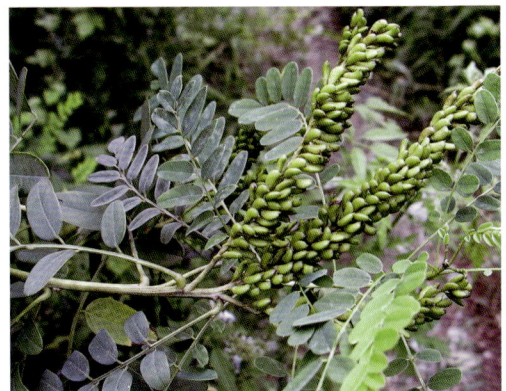

紫矿

Butea monosperma (Lam.) Kuntze

蝶形花科 **Papilionaceae**，*紫矿属* **Butea**

形态特征：乔木，高达 20 m，树皮灰黑色。叶具长约 10 cm 的粗柄；小叶厚革质，不同形，顶生的宽倒卵形或近圆形，长 14～17 cm，宽 12～15 cm，先端圆，基部阔楔形，侧生的长卵形或长圆形，两侧不对称，先端钝，基部圆形，两面粗糙。总状或圆锥花序腋生或生于无叶枝的节上，花序轴、花梗和花萼外面密被褐色或黑褐色绒毛；花冠橘红色，后渐变黄色，比花萼约长 3 倍，旗瓣长卵形，外弯，长 4.5～5 cm；翼瓣狭镰形，长约 4 cm，基部具圆耳；龙骨瓣宽镰形，长 5～5.5 cm，背部弯拱并合成一脊，基部具圆耳。荚果扁长圆形；种子宽肾形或肾状圆形，褐红色。花期：3～4 月。

分布区域：中国云南南部、广西西南部有栽培。印度、斯里兰卡、越南至缅甸也有分布。

生长习性：喜阳光充足的环境，耐旱也耐阴，但浓阴抑制生长。可以忍受适度霜冻。对土壤要求不严，在古老的冲积土和风化的红色玄武岩上生长最好。

栽培管理：播种繁殖。

景观应用：紫矿是紫胶虫的主要寄主之一，树种经济价值较高。可作为观花乔木孤植、列植、丛植于绿地观赏。

木豆

Cajanus cajan (L.) Millsp.

蝶形花科Papilionaceae，木豆属*Cajanus*

形态特征：直立灌木，1～3 m。多分枝。叶具羽状3小叶；小叶纸质，披针形至椭圆形，长5～10 cm，宽1.5～3 cm，先端渐尖或急尖。总状花序长3～7 cm；花数朵生于花序顶部；花萼钟状，裂片三角形或披针形；花冠黄色，旗瓣近圆形，背面有紫褐色纵线纹，基部有附属体及内弯的耳，翼瓣微倒卵形，有短耳，龙骨瓣先端钝，微内弯。荚果线状长圆形；种子3～6颗，近圆形。花果期：2～11月。

分布区域：中国广东、海南、广西、湖南、江西、福建、台湾、浙江、江苏、四川、云南等地均有栽培。原产印度，现分布于世界热带及亚热带地区。

生长习性：喜光，喜高温多湿气候，喜肥；适应性强，耐干旱，耐瘠薄。

栽培管理：播种繁殖。播种前，将种子放入水温约60℃的热水中浸泡，并搅拌种子，自然冷却后浸种24 h，滤出进行撒播。

景观应用：园林上常用作绿篱，或用于荒山绿化。可与其他乡土树种搭配应用于公路边坡植被恢复。

海刀豆

Canavalia rosea (Sw.) DC.

蝶形花科Papilionaceae，刀豆属*Canavalia*

　　形态特征：粗壮，草质藤本。羽状复叶具3小叶。小叶倒卵形、卵形、椭圆形或近圆形，长5～8 cm，宽4.5～6.5 cm，先端通常圆、截平、微凹或具小凸头，稀渐尖，基部楔形至近圆形，侧生小叶基部常偏斜，两面均被长柔毛。总状花序腋生，连总花梗长达30 cm；花1～3朵聚生于花序轴近顶部的每一节上；小苞片2，卵形；花萼钟状，被短柔毛；花冠紫红色，旗瓣圆形，顶端凹入，翼瓣镰状，具耳，龙骨瓣长圆形，弯曲，具线形的耳。荚果线状长圆形，顶端具喙尖；种子椭圆形。花期：6～7月。

　　分布区域：产中国东南部至南部。生于海边沙滩上。热带海岸地区广布。

　　生长习性：喜光，耐旱，耐盐碱，适应性强，喜生于海边砂质土壤上。

　　栽培管理：播种或扦插繁殖。

　　景观应用：海刀豆花紫红色，美丽。是海岸、珊瑚砂组成沙地固沙的优良藤本。可用于滨海沙地生态恢复。

柠条锦鸡儿

Caragana korshinskii Kom.

蝶形花科Papilionaceae，锦鸡儿属*Caragana*

形态特征：灌木，高1~4m；老枝金黄色。羽状复叶有6~8对小叶；托叶在长枝者硬化成针刺，宿存；小叶披针形或狭长圆形，先端锐尖或稍钝，有刺尖，基部灰绿色，两面密被白色伏贴柔毛。花梗密被柔毛，关节在中上部；花萼管状钟形，被伏贴短柔毛；花冠旗瓣宽卵形或近圆形，先端截平而稍凹，具短瓣柄。荚果扁，披针形，被疏柔毛。花期：5月；果期：6月。

分布区域：产于内蒙古（伊克昭盟西北部、巴彦淖尔盟、阿拉善盟）、宁夏、甘肃（河西走廊）。

生长习性：喜光，适应性强，既耐寒又抗高温，耐干旱，不耐涝。

栽培管理：播种繁殖。

景观应用：株丛高大，枝叶稠密，根系发达，具根瘤菌，是中国荒漠、半荒漠及干草原地带营造防风固沙林、水土保持林的重要树种。

红花锦鸡儿

Caragana rosea Turcz. ex Maxim.

蝶形花科Papilionaceae，锦鸡儿属*Caragana*

　　形态特征：灌木，高0.4～1 m。树皮绿褐色或灰褐色，小枝细长，具条棱，托叶在长枝者成细针刺；叶楔状倒卵形，先端圆钝或微凹，具刺尖，基部楔形，近革质，叶面深绿色，叶背淡绿色。花梗单生，长8～18 mm，关节在中部以上；花萼管状，紫红色，萼齿三角形，渐尖，内侧密被短柔毛；花冠黄色，常紫红色或全部淡红色，凋时变为红色，长20～22 mm。荚果圆筒形，长3～6 cm，具渐尖头。花期：4～6月；果期：6～7月。

　　分布区域：产东北、华北、华东及河南、甘肃南部。

　　生长习性：喜光，耐寒，耐干燥，耐瘠薄。

　　栽培管理：播种、扦插、分株繁殖。春季浇返青水时可追施复合肥，其自身能固氮，应少施氮肥，增施磷、钾肥，促进花芽形成。

　　景观应用：红花锦鸡儿枝繁叶茂，花冠蝶形，花色艳丽，形似金雀，花、叶、枝可供观赏，园林中可丛植于草地或配植于坡地、山石旁，或作地被植物。

树锦鸡儿

Caragana arborescens lam.

蝶形花科Papilionaceae，锦鸡儿属*Caragana*

形态特征：小乔木或大灌木，高2～6 m；老枝深灰色，小枝有棱，绿色或黄褐色。羽状复叶有4～8对小叶；托叶针刺状，长枝者脱落；小叶长圆状倒卵形、狭倒卵形或椭圆形，长1～2 cm，宽5～10 mm，先端圆钝，具刺尖，基部宽楔形。花梗2～5簇生，关节在上部，苞片小，刚毛状；花萼钟状，萼齿短宽；花冠黄色，旗瓣菱状宽卵形，先端圆钝，具短瓣柄，翼瓣长圆形，耳钝或略呈三角形。荚果圆筒形，先端渐尖。花期：5～6月；果期：8～9月。

分布区域：产于中国黑龙江、内蒙古、河北、山西、陕西、甘肃、新疆。俄罗斯亦有分布。

生长习性：性喜光，较耐阴，耐寒，耐干旱、瘠薄。对土壤要求不严，忌积水。

栽培管理：播种繁殖。在日常养护过程中，加强通风透光，及时疏除过密枝条。

景观应用：枝叶秀丽，花色鲜艳，适宜庭园观赏及绿化用。园林中可孤植、丛植于路旁、坡地或假山岩石旁，也可作绿篱种植。

细枝山竹子（花棒、细枝岩黄耆）

Corethrodendron scoparium Fisch. et Basiner

蝶形花科Papilionaceae，羊柴属*Corethrodendron*

形态特征： 半灌木，高约80～300 cm。茎直立，多分枝，幼枝绿色或淡黄绿色，茎皮亮黄色，呈纤维状剥落。茎下部具小叶7～11，上部具小叶3～5；小叶片灰绿色，线状长圆形或狭披针形，叶面被短柔毛，叶背被长柔毛。总状花序腋生；花冠紫红色，旗瓣倒卵形或倒卵圆形。荚果宽卵形，两侧膨大；种子圆肾形。花期：6～9月；果期：8～10月。

分布区域： 产中国新疆北部、青海柴达木东部、甘肃河西走廊、内蒙古、宁夏。也分布于哈萨克斯坦额尔齐斯河沿河沙丘和蒙古南部。

生长习性： 耐寒、耐旱、耐瘠薄，抗风沙。喜生于沙区荒漠环境。

栽培管理： 播种、扦插繁殖。

景观应用： 优良固沙植物，西北地区常用的固沙树种，可直播或飞播造林。可栽在山坡、草地、路旁或混交防护林带下。

猪屎豆（野百合）

Crotalaria pallida Ait.

蝶形花科Papilionaceae，猪屎豆属*Crotalaria*

形态特征：多年生草本，或呈灌木状，高约1m。叶3出，柄长2～4cm；小叶长圆形或椭圆形，长3～6cm，宽1.5～3cm，先端钝圆或微凹，基部阔楔形。总状花序顶生，长达25cm，有花10～40朵；花冠黄色，伸出萼外，旗瓣圆形或椭圆形，翼瓣长圆形，龙骨瓣最长，弯曲，几达90°，具长喙。荚果长圆形，长3～4cm，果瓣开裂后扭转；种子20～30颗。花果期：9～12月。

分布区域：产于中国广东、广西、海南、福建、台湾、四川、云南、山东、浙江、湖南。美洲、非洲及亚洲热带、亚热带地区也有分布。

生长习性：喜光，耐干旱，耐瘠薄。

栽培管理：播种繁殖。可采用直播方法播种，播后10～20天即可出苗，无需特殊管理，1年生苗高50～70cm。

景观应用：花大而美丽，花期长。可用于公路边坡生态恢复以及碎落台、互通立交区、服务区绿化。

甘草

Glycyrrhiza uralensis Fisch.

蝶形花科Papilionaceae，甘草属*Glycyrrhiza*

形态特征：多年生草本；根与根状茎粗壮，具甜味。茎直立，高30～120 cm；叶长5～20 cm，叶柄密被褐色腺点和短柔毛；小叶卵形、长卵形或近圆形，顶端钝，具短尖，基部圆，边缘全缘或微呈波状。总状花序腋生，花梗密生褐色的鳞片状腺点和短柔毛；苞片长圆状披针形，褐色，膜质；花冠紫色、白色或黄色。荚果弯曲呈镰刀状或呈环状，密生瘤状突起和刺毛状腺体。花期：6～8月；果期：7～10月。

分布区域：产中国东北、华北、西北各地及山东。蒙古及俄罗斯西伯利亚也有分布。

生长习性：喜光、耐旱、耐盐碱、耐热和耐寒，适应性强，抗逆性强。

栽培管理：播种繁殖。春、夏、秋季均可播种，其中以夏季的5月份播种为最好。

景观应用：甘草的花观赏性高，可用于园林绿化植物。可应用在道路、广场和公园，也可作花境材料或布置岩石园。

椭圆叶木蓝

Indigofera cassoides Rottl. ex DC.

蝶形花科Papilionaceae，木蓝属*Indigofera*

　　形态特征：直立灌木，高达1.5 m。羽状复叶长5.5～15 cm；小叶6～10对，对生或近对生，椭圆形或倒卵形，长1～2.4 cm，宽7～15 mm，先端钝或截形，微凹，具小尖头，基部楔形至圆形，叶面绿色，叶背灰白色，两面均被白色或叶背间有棕色平贴短"丁"字毛。总状花序腋生，长4～17 cm；花冠淡紫色或紫红色，旗瓣阔卵形，先端圆钝，具短瓣柄，翼瓣长8～9.5 mm，具缘毛，有耳状附属物及瓣柄，龙骨瓣长9～9.5 mm，距短，先端及边缘具毛。荚果圆柱形；种子方形，赤褐色。花期：1～3月；果期：4～6月。

　　分布区域：产中国广西、云南。巴基斯坦、印度、越南、泰国也有分布。

　　生长习性：喜光，也耐半阴环境，耐干旱，耐瘠薄土壤。

　　栽培管理：播种繁殖。可采用直播方法播种。

　　景观应用：椭圆叶木蓝为春季灌木花卉，花朵数量极多，开花时繁花似锦。群植效果好，适合道路两侧种植。也可作观花灌木植于庭园。

胡枝子

Lespedeza bicolor Turcz.

蝶形花科Papilionaceae，胡枝子属*Lespedeza*

　　形态特征：直立灌木，高1～3 m，多分枝。羽状复叶具3小叶，小叶薄质，卵形或倒卵形，先端圆钝或微凹，基部圆形或宽楔形，全缘。总状花序腋生，构成大型、疏松的圆锥花序；花冠紫色，旗瓣无爪，翼瓣有爪，龙骨瓣与旗瓣等长，具长爪。荚果斜卵形，有密柔毛。花期：7～9月；果期：9～10月。

　　分布区域：产于中国广东、广西、湖南、福建、台湾、浙江、江苏、安徽、山东、河南、甘肃、陕西、山西、内蒙古、河北、辽宁、吉林、黑龙江。朝鲜、俄罗斯、日本也有分布。

　　生长习性：耐阴、耐旱，耐寒、耐瘠薄，萌芽力强，固氮能力强，适应性极广，再生性强。

　　栽培管理：播种或扦插繁殖。荚果成熟时即采种。3～4月份进行春播，多用播种育苗。

　　景观应用：花繁茂美丽，花期长，可供观赏，是很好的蜜源植物及园林观赏植物。可用于公路边坡生态恢复以及碎落台、互通立交区、服务区绿化。

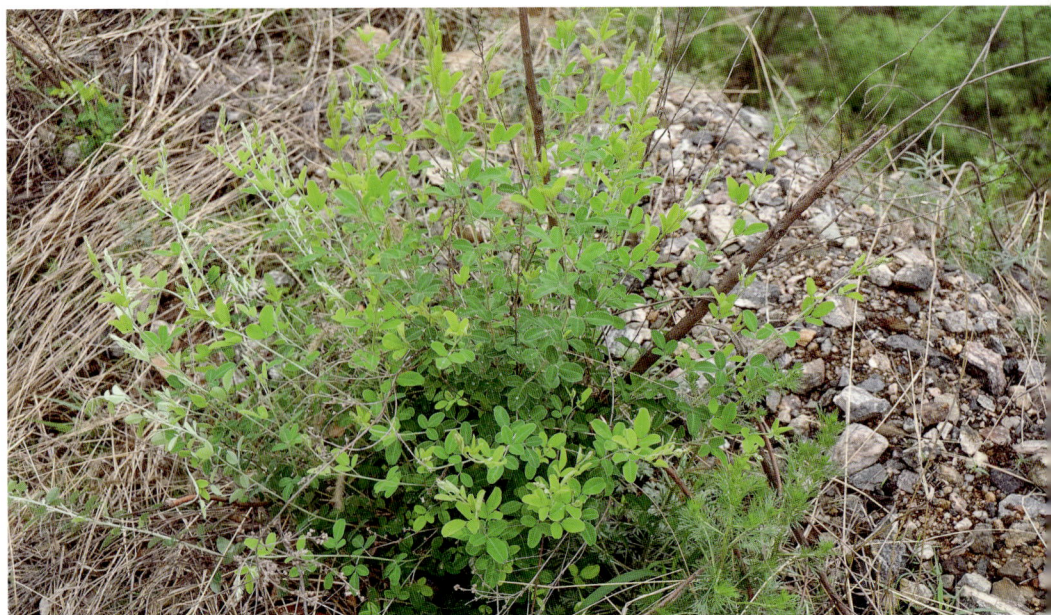

兴安胡枝子

Lespedeza davurica (Laxmann) Schindler

蝶形花科Papilionaceae，胡枝子属*Lespedeza*

形态特征：小灌木，高达1 m。老枝黄褐色或赤褐色，被短柔毛，幼枝绿褐色，有细棱，被白色短柔毛。羽状复叶具3小叶；小叶长圆形或狭长圆形，先端圆形或微凹，有小刺尖，基部圆形，叶背被贴伏的短柔毛。总状花序腋生；总花梗密生短柔毛；小苞片披针状线形，有毛；花萼5深裂，外被白毛；花冠白色或黄白色；旗瓣长圆形，翼瓣长圆形，龙骨瓣比翼瓣长，先端圆形。荚果倒卵形或长倒卵形。花期：7～8月；果期：9～10月。

分布区域：分布中国东北、华北经秦岭淮河以北至西南各地。朝鲜、日本、俄罗斯西伯利亚也有分布。

生长习性：耐寒、耐旱性强，对土壤适应范围广。

栽培管理：播种繁殖。生长期追肥以磷肥、钾肥为主。

景观应用：为良好的水土保持植物及固沙植物，贫瘠的山坡地、新垦地均可种植。还可栽在山坡、草地、路旁或混交防护林带。

白花油麻藤（禾雀花）

Mucuna birdwoodiana Tutch.

蝶形花科Papilionaceae，黧豆属*Mucuna*

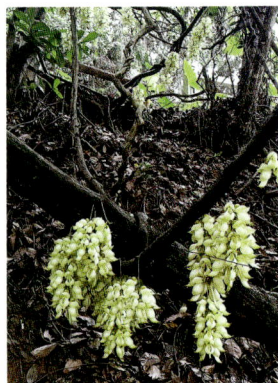

形态特征：大型木质藤本。羽状复叶具3小叶；小叶近革质，椭圆形、卵形或略呈倒卵形，长而狭，长9～16 cm，宽2～6 cm，先端渐尖，基部圆形或稍楔形，侧生小叶偏斜。总状花序生于老枝上或生于叶腋，长20～38 cm，花20～30朵，呈束状；苞片卵形；花梗具稀疏或密生的暗褐色伏贴毛；花萼密被浅褐色伏贴毛，外面被红褐色脱落的粗刺毛，萼筒宽杯形；花冠白色或带绿白色。果木质，带形。花期：4～6月；果期：6～11月。

分布区域：产江西、福建、广东、广西、贵州、四川等地。

生长习性：喜温暖湿润气候，耐阴、耐旱，畏严寒，忌涝、水淹。

栽培管理：扦插、压条、播种繁殖。

景观应用：叶四季常青，花朵吊挂成串如禾雀花，宜作公园、庭院等处的大型棚架、绿廊、绿亭、露地餐厅等的顶面绿化；适于墙垣、假山等处的垂直绿化或作护坡花木；也可用于山岩、叠石、林间配置。

褶皮黧豆（宁油麻藤）

Mucuna lamellata Wilmot-Dear

蝶形花科Papilionaceae，黧豆属*Mucuna*

形态特征： 攀缘藤本，茎稍带木质，具纵沟槽。羽状复叶具3小叶，叶长17～27 cm；小叶薄纸质，顶生小叶菱状卵形，长6～13 cm，宽4～9.5 cm，先端渐尖，具短尖头，基部圆或稍楔形；侧生小叶明显偏斜，基部截形；小托叶线形。总状花序腋生，长7～27 cm，花生于花序上部，每节有3花；花梗密被锈色柔毛和浅黄色贴伏毛；苞片和小苞片披针形、线状披针形或狭卵形；花萼密被绢质柔毛，萼筒杯状；花冠深紫色或红色。荚果。花期6～10月；果期10～11月。

分布区域： 产浙江、江苏、江西、湖北、福建、广东、广西。

生长习性： 喜温暖湿润气候，耐阴，耐旱，不耐严寒。

栽培管理： 扦插、压条、种子均可繁殖。

景观应用： 蔓茎粗壮，叶繁荫浓，花序悬挂于盘曲老茎，奇丽美观，是南方地区优良蔽荫、观花藤本。适用于大型棚架、绿廊、墙垣等攀缘绿化。也可用于山岩、叠石、林间配置，或用于庭院、公园等绿地立体绿化。

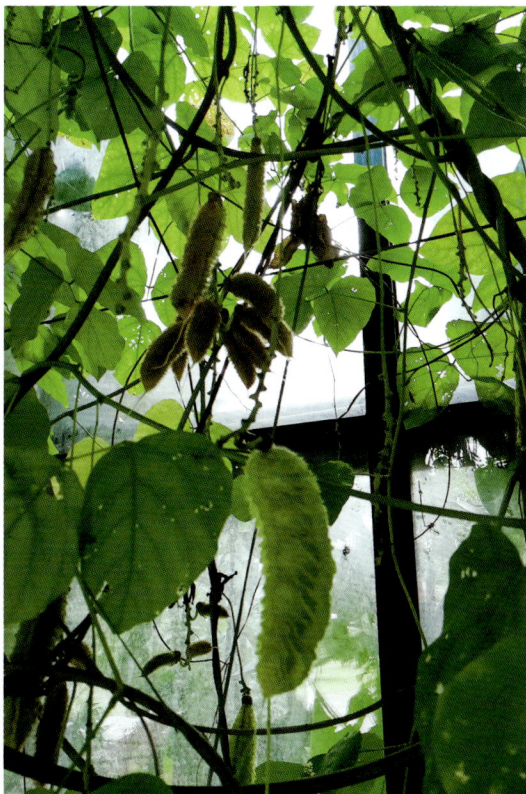

大果油麻藤

Mucuna macrocarpa Wall.

蝶形花科Papilionaceae，黧豆属*Mucuna*

形态特征：大型木质藤本。茎被灰白或红褐色短伏毛。羽状复叶具3小叶，长25～33 cm；顶生小叶椭圆形、卵状椭圆形、卵形或近倒卵形，长10～69 cm，宽5～10 cm，先端急尖或圆，具短尖头，基部圆或近楔形，幼时两面被灰白色或褐色茸毛，后仅叶背被毛，侧生小叶偏斜。总状花序生于老茎上，长5～23 cm；花每2～3朵生于花序轴上部的节上。花梗密被短伏毛和稀疏的刺毛；花萼杯状；花冠暗紫色，旗瓣带绿白色。荚果。花期：3～4月；果期：6～7月。

分布区域：产中国广东、海南、广西、贵州、云南和台湾。印度、尼泊尔、缅甸、泰国、越南和日本也有分布。

生长习性：喜光、喜温暖湿润环境。稍耐阴。性强健，抗性强，耐阴、耐旱，畏严寒，攀缘力强。

栽培管理：播种繁殖。成苗定植时要立即设置支柱，以便攀缓。

景观应用：生长迅速，是棚架栽植的优良树种，花期花序悬挂于棚下，吊挂成串。宜作公园、庭院等处的大型棚架绿化，适于墙垣、假山等处的垂直绿化或作护坡花木。

常春油麻藤

Mucuna sempervirens Hemsl.

蝶形花科Papilionaceae，黧豆属*Mucuna*

形态特征：常绿木质藤本，长可达25 m；幼茎具纵棱和皮孔。羽状复叶长21～39 cm；小叶3片，纸质或革质，顶生小叶椭圆形或卵状椭圆形，长8～15 cm，侧生小叶极偏斜，无毛；侧脉4～5对。总状花序生于老茎上，每节有花3朵；花冠深紫色，旗瓣圆形。果木质，带形，具种子4～12颗。花期：4～5月；果期：8～10月。

分布区域：产于中国广东、广西、江西、福建、湖南、湖北、贵州、云南、四川、陕西。常攀缘于树上。日本也有分布。

生长习性：耐阴，喜光、喜湿暖湿润气候，适应性强，耐寒、耐干旱和耐瘠薄，对土壤要求不严，喜深厚、肥沃、排水良好、疏松的土壤。

栽培管理：播种繁殖，亦可用扦插或压条繁殖。果熟时采摘成熟的果荚，摊晒后，剥出种子。种子要及时采收及时播种。生长期施肥2～3次。

景观应用：株形美观，花色美丽，盛花季节，一串串紫色的花生于老茎上，富有野趣，是较好的观赏藤本植物。常用于岩石坡面垂直绿化。

水黄皮

Pongamia pinnata (L.) Pierre

蝶形花科Papilionaceae，水黄皮属*Pongamia*

形态特征：乔木，高8～15 m。老枝密生灰白色小皮孔。羽状复叶长20～25 cm；小叶2～3对，近革质，卵形，阔椭圆形至长椭圆形，长5～10 cm，宽4～8 cm，先端短渐尖或圆形，基部宽楔形、圆形或近截形。总状花序腋生，长15～20 cm，常2朵花簇生于花序总轴的节上；花萼外面略被锈色短柔毛；花冠白色或粉红色，各瓣均具柄，旗瓣背面被丝毛，边缘内卷，龙骨瓣略弯曲。荚果。花期：5～6月；果期：8～10月。

分布区域：产于中国广东、海南、福建。印度、斯里兰卡、马来西亚、澳大利亚、波利尼西亚也有分布。

生长习性：中性植物，耐阴，耐热，耐旱，耐瘠薄，对土壤盐度具有一定的耐受性；对土壤要求不严，其根部的根瘤菌具固氮作用，能改良土壤，有利于提高土壤肥力。

栽培管理：播种、扦插或根蘖繁殖。

景观应用：树冠伞形，枝繁叶茂，花多成串，花期较长，是庭院、校园、园林和行道绿化的优良树种。由于具有抗风和耐盐碱的特性，沿海地区也可作堤岸防护林和行道树。

葛（野葛、葛藤）

Pueraria montana (Loureiro) Merrill

蝶形花科Papilionaceae，葛属*Pueraria*

形态特征： 粗壮藤本；长可达8 m，全体被黄毛。羽状复叶3小叶；小叶3裂，偶尔全缘，顶生小叶宽卵形或斜卵形，先端长渐尖，侧生小叶斜卵形。总状花序腋生，花密；花冠紫红色；旗瓣倒卵形。荚果长椭圆形。花期：9～10月；果期：11～12月。

分布区域： 除中国新疆、西藏外儿遍全国。东南亚至澳大利亚也有分布。

生长习性： 喜光，较耐寒，耐干旱、瘠薄土壤。

栽培管理： 播种或扦插繁殖。干藏储存的种子，春末播种为宜，播种前种子用60℃的热水浸泡至室温后再浸种48 h。

景观应用： 全株匍匐蔓延，蔓延力强，为良好的地被或荒坡水土保持树种。是良好的公路边坡植被恢复藤本植物。

毛洋槐（红花刺槐）

Robinia hispida L.

蝶形花科Papilionaceae，刺槐属*Robinia*

形态特征：落叶灌木或小乔木。叶轴被刚毛及白色短曲柔毛；小叶5~7对，椭圆形、卵形、阔卵形至近圆形，长1.8~5 cm，宽1.5~3.5 cm，叶轴下部1对小叶最小；小叶柄被白色柔毛。总状花序腋生，花3~8朵；花萼紫红色，斜钟形，萼齿卵状三角形，先端尾尖至钻状；花冠红色至玫瑰红色，花瓣具柄，旗瓣近肾形，翼瓣镰形；龙骨瓣近三角形，前缘合生，与翼瓣均具耳。荚果。

花期：5~6月；果期：7~10月。

分布区域：原产北美。中国北京、天津、陕西、南京和辽宁等地有引种。

生长习性：喜光，耐寒，耐盐碱，耐旱，耐修剪，不耐水湿。对HF等有毒有害气体有较强抗性。喜排水良好的砂质壤土。

栽培管理：嫁接繁殖。

景观应用：树冠浓密，花大色艳，散发芳香，观赏价值较高。适于孤植、列植、丛植在疏林、草坪、公园、高速公路及城市主干道两侧。

刺槐（洋槐）

Robinia pseudoacacia L.

蝶形花科Papilionaceae，刺槐属*Robinia*

形态特征：落叶乔木，高10～25 m；树皮灰褐色至黑褐色，浅裂至深纵裂。奇数羽状复叶，具小叶2～12对，常对生，椭圆形、长椭圆形或卵形，先端圆，微凹，具有小尖头，基部圆至阔楔形，全缘；小托叶针芒状。总状花序，花序腋生，下垂；花多数；花冠白色，芳香。荚果扁平。花期：4～5月；果期：7～9月。

分布区域：原产美国东部。中国18世纪末期自欧洲引入，现中国各地有栽培。

生长习性：喜光，耐寒，耐旱，不耐水渍。对土壤要求不严，抗瘠薄，抗盐碱。根系发达，有根瘤。

栽培管理：播种或无性繁殖。播种前需作催芽处理，10～15天发芽。小苗移植在秋季落叶后至春季萌芽前，无须带土。

景观应用：树体高大，枝繁叶茂，可作绿阴树及行道树。其抗污染性强，可植于建筑物周围及工厂附近。

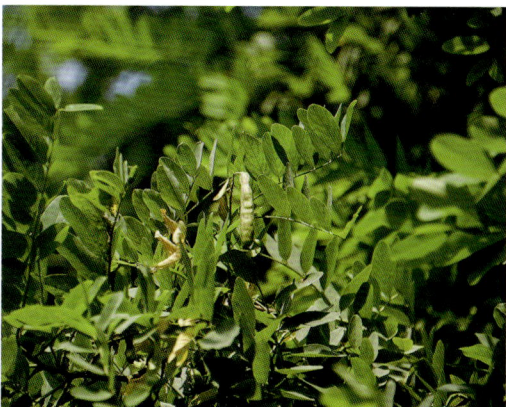

槐（国槐、槐树、槐花树）

Sophora japonica L.

蝶形花科Papilionaceae，槐属*Sophora*

　　形态特征：乔木，高达25 m，树皮灰褐色，具纵裂纹。奇数羽状复叶，互生，具小叶4～7对，对生或近互生，卵状披针形或卵状长圆形，先端渐尖，基部宽楔形或近圆形。圆锥花序顶生，萼钟状，有5小齿；花冠乳白色或淡黄色，旗瓣近圆形，有紫色脉纹。荚果念珠状。花期：7～8月；果期：8～10月。

　　分布区域：原产中国，现南北各地广泛栽培，华北和黄土高原地区尤为多见。日本、越南也有分布，欧洲、美洲各国均有引种。

　　生长习性：喜光，稍耐阴，适应性强。耐寒。对土壤要求不严。寿命长且能抗污染。

　　栽培管理：播种繁殖。采种后沙藏，翌年春播。休眠期可移栽，裸根即可。

　　景观应用：树冠优美，枝繁叶茂，花芳香，是行道树和优良的蜜源植物。老年树更显苍劲雄伟，是优良的乡土绿阴树种。

紫藤

Wisteria sinensis (Sims) Sweet.

蝶形花科Papilionaceae，紫藤属*Wisteria*

形态特征：落叶藤本。茎左旋，枝粗壮。奇数羽状复叶长15～25 cm；小叶3～6对，纸质、卵状椭圆形至卵状披针形，上部小叶较大，基部1对最小，长5～8 cm，宽2～4 cm，先端渐尖至尾尖，基部钝圆或楔形。总状花序腋芽或顶芽，长15～30 cm，径8～10 cm；花冠紫色，旗瓣圆形，先端略凹陷，花开后反折，翼瓣长圆形，基部圆，龙骨瓣较翼瓣短，阔镰形。荚果。花期：4～5月；果期：5～8月。

分布区域：中国南北各地都有栽培。

生长习性：喜光，对气候和土壤的适应性强，耐热、耐寒、耐旱、耐瘠薄土壤。

栽培管理：播种、分株、压条、扦插或嫁接繁殖。

景观应用：先叶开花，花香，形大色美，披垂下曳，十分优美。中国自古即栽培作庭园棚架植物，是垂直绿化的优良树种。可作灌木状栽植于河边或假山旁。

蚊母树

Distylium racemosum Sieb. et Zucc

金缕梅科Hamamelidaceae，蚊母树属*Distylium*

　　形态特征： 常绿灌木或中乔木。叶革质，椭圆形或倒卵状椭圆形，长3～7 cm，宽1.5～3.5 cm，先端钝或略尖，基部阔楔形，叶面深绿色，发亮，叶背初时有鳞垢，后变秃净；叶柄有鳞垢。总状花序长约2 cm，总苞2～3片，卵形，有鳞垢；苞片披针形，花雌雄同在一个花序上，雌花位于花序的顶端；萼筒短，被鳞垢。蒴果卵圆形。种子卵圆形。

　　分布区域： 产于中国广东、海南、福建、浙江、台湾、山东等地。朝鲜及琉球群岛有分布。

　　生长习性： 喜光，稍耐阴，喜温暖湿润气候，耐寒。抗性强，对土壤要求不严，以排水良好而肥沃、湿润的土壤为最好。萌芽、发枝力强，耐修剪。

　　栽培管理： 播种和扦插法繁殖。

　　景观应用： 枝叶密集，树形整齐，叶色浓绿，开放的细小红花颇为美丽，防尘及隔音效果好，是城市及工矿区的绿化及观赏树种。植于路旁、庭前草坪上及大树下均合适；丛植、片植用于分隔空间或作为背景栽植。亦可作绿篱和防护林带。

枫香

Liquidambar formosana Hance

金缕梅科Hamamelidaceae，枫香树属*Liquidambar*

　　形态特征： 落叶乔木，高10～30 m；树皮灰褐色，方块状剥落。树脂芳香。单叶互生，叶掌状3裂，中央裂片较长，先端尾状渐尖；掌状脉3～5条；缘有齿，基部心形；叶柄长达11 cm。花雌雄同株，无花瓣，雌花具尖萼齿。蒴果，集成球形果序；种子多数，褐色，多角形。果期：10～12月。

　　分布区域： 产中国秦岭及淮河以南、华南、西南地区。越南、老挝、朝鲜也有分布。

　　生长习性： 喜光，喜温暖至冷凉气候，耐旱、耐瘠薄土壤。

　　栽培管理： 播种繁殖。采摘成熟的果球，曝晒2～4天，敲打脱壳，揉搓去种翅，收取纯净种子。种子干藏至翌年2～3月播种。播后3～4周发芽。

　　景观应用： 树姿优美，叶色有明显的季相变化，通常于初冬叶色变黄，至翌年春季落叶前变红，为良好的庭园风景树、绿荫树和防风树。对SO_2、Cl_2有较强抗性，适合于厂矿区绿化，互通立交区、服务区绿化。

杜仲

Eucommia ulmoides Oliv.

杜仲科 Eucommiaceae，杜仲属 *Eucommia*

　　形态特征：落叶乔木，高可达 20 m；树皮灰褐色、粗糙，折断后拉开有白色细丝。叶椭圆形或卵形，薄革质，基部圆形或阔楔形，先端尖；边缘有细锯齿。花单性，雌雄异株，雄花无花被；苞片倒卵状匙形；雌花单生，苞片倒卵形。翅果扁平，长椭圆形；种子扁平，线形。早春开花，秋后果实成熟。

　　分布区域：产湖南、浙江、河南、湖北、四川、贵州、甘肃、陕西。

　　生长习性：喜阳光充足，土层深厚、疏松、肥沃的砂壤土。但在瘠薄的红土，或岩石峭壁均能生长。

　　栽培管理：播种或扦插繁殖。

　　景观应用：树冠浓阴覆地，是优良的庭园树。可在庭园中单植、群植作庭荫树或列植作行道树。

黄杨（瓜子黄杨）

Buxus sinica (Rehd. et Wils.) Cheng

黄杨科Buxaceae，黄杨属*Buxus*

形态特征：灌木或小乔木，高1～6m；枝圆柱形，有纵棱，灰白色。叶革质，阔椭圆形、阔倒卵形、卵状椭圆形或长圆形，大多数长1.5～3.5cm，宽0.8～2cm，先端圆或钝。花序腋生，头状；雄花：约10朵；雌花：萼片长3mm，子房较花柱稍长，花柱粗扁，柱头倒心形，下延达花柱中部。蒴果近球形。花期：3月；果期：5～6月。

分布区域：产陕西、甘肃、湖北、四川、贵州、广西、广东、江西、浙江、安徽、江苏、山东各地。

生长习性：喜光，耐寒、耐旱、耐瘠薄。萌芽力强，耐修剪。抗有毒气体。

栽培管理：播种或扦插繁殖。扦插多用嫩枝。

景观应用：叶片绿色，树冠圆满，四季常青，常被作为园林绿化树种。可作为草坪、花坛的点缀树种，也可作绿篱和树桩盆景。

新疆杨

Populus alba var. *pyramidalis*

杨柳科 Salicaceae，杨属 Populus

形态特征：落叶乔木，高达30 m，胸径50 cm。窄冠、圆柱形或尖塔形，树皮灰白或青灰色，光滑少裂，基部浅裂。芽、幼枝密被白色绒毛。萌条和长枝叶掌状深裂，基部平截；短枝叶圆形，粗锯齿，侧齿几对称，基部平截。叶阔三角形或阔卵圆形，叶背有白绒毛。仅见雄株，雄花序长达5 cm，穗轴有微毛；苞片膜质，红褐色。花期：4～5月；果期：5月。

分布区域：中国北方各地常栽培，以新疆为普遍。在中亚、西亚、巴尔干、欧洲等地也有分布。

生长习性：喜光，耐旱、耐盐碱，抗风力强，生长快。

栽培管理：扦插繁殖。扦插成活率较低，育苗多在春季，种条随采随插。

景观应用：其生长快，树形挺拔，干形直，是农田防护林、速生丰产林、防风固沙林和四旁绿化的优良树种。

胡杨

Populus euphratica Oliv.

杨柳科Salicaceae，杨属*Populus*

　　形态特征：乔木，高10～15 m，稀灌木状。树皮淡灰褐色，下部条裂。叶形多变化，卵圆形、卵圆状披针形、三角状卵圆形或肾形，先端有粗齿牙，基部楔形、阔楔形、圆形或截形，有2腺点。蒴果长卵圆形，长10～12 mm，2～3瓣裂。花期：5月；果期：7～8月。

　　分布区域：产于中国内蒙古西部、新疆、甘肃、青海。国外分布在蒙古、俄罗斯、埃及、叙利亚、印度、伊朗、阿富汗、巴基斯坦等地。

　　生长习性：喜光，耐热、耐旱、耐寒、耐盐碱，抗风沙。

　　栽培管理：种子繁殖。

　　景观应用：胡杨林是荒漠区特有的珍贵森林资源，具有防风固沙，调节绿洲气候的生态功能，是荒漠地区农牧业发展的天然屏障。可作防护林带。

小叶杨

Populus simonii Carr.

杨柳科 Salicaceae，杨属 *Populus*

形态特征： 乔木，高达 20 m。树皮幼时灰绿色，老时暗灰色，沟裂；树冠近圆形。幼树小枝及萌枝有棱脊，红褐色后变黄褐色，老树小枝圆形，细长而密。叶菱状卵形、菱状椭圆形或菱状倒卵形，长 3～12 cm，宽 2～8 cm，中部以上较宽，先端突急尖或渐尖，基部楔形、宽楔形或窄圆形，边缘具细锯齿；叶柄圆筒形，黄绿色或带红色。雄花序长 2～7 cm，苞片细条裂；苞片淡绿色，裂片褐色。果序长达 15 cm；蒴果小，2 瓣裂。花期：3～5 月；果期：4～6 月。

分布区域： 产于中国东北、华北、华中、西北及西南各地。朝鲜也有分布。

生长习性： 喜光，耐寒，耐热，耐干旱，耐瘠薄和盐碱土壤。

栽培管理： 扦插、埋条或播种繁殖。

景观应用： 树形美观，叶片秀丽，适应性强，是东北和西北防护林和用材林主要树种之一。是良好的防风固沙、保持水土、固堤护岸及绿化观赏树种，也可作行道树和防护林。

毛白杨

Populus tomentosa Carr.

杨柳科Salicaceae，杨属*Populus*

形态特征： 乔木，高达30 m。树皮幼时暗灰色，壮时灰绿色，渐变为灰白色，老时基部黑灰色，纵裂。长枝叶阔卵形或三角状卵形，长10～15 cm，宽8～13 cm，先端短渐尖，基部心形或截形，边缘深齿牙缘或波状齿牙缘；短枝叶长7～11 cm，宽6.5～10.5 cm，卵形或三角状卵形，先端渐尖。雄花序长10～14 cm，雄花苞片约具10个尖头，密生长毛；雌花序长4～7 cm，苞片褐色，尖裂，沿边缘有长毛。果序长达14 cm；蒴果圆锥形或长卵形。花期：3月；果期：4～5月。

分布区域： 产于中国辽宁（南部）、河北、山东、山西、陕西、甘肃、河南、安徽、江苏、浙江等地，以黄河流域中、下游为中心分布区。

生长习性： 喜光，深根性，耐干旱和盐碱，抗性强，适应性强。

栽培管理： 扦插繁殖。春季选取1～2年生健壮枝条进行扦插，保持土壤湿润。

景观应用： 树姿雄壮，冠形优美，为优良的庭园绿化或行道树，也为华北地区速生用材造林树种，适合作行道树、防护林。

旱柳

Salix matsudana Koidz.

杨柳科 Salicaceae，柳属 *Salix*

形态特征： 乔木，高达 18 m。树皮暗灰黑色，有裂沟；枝细长，直立或斜展。叶披针形，长 5～10 cm，宽 1～1.5 cm，先端长渐尖，基部窄圆形或楔形，有细腺锯齿缘，幼叶有丝状柔毛；叶柄有长柔毛；托叶边缘有细腺锯齿。花序与叶同时开放；雄花序圆柱形，长 1.5～2.5 cm，轴有长毛；苞片卵形，黄绿色，先端钝，基部有短柔毛。果序长达 2 cm。花期：4 月；果期：4～5 月。

分布区域： 产中国东北、华北平原、西北黄土高原，西至甘肃、青海，南至淮河流域以及浙江、江苏。朝鲜、日本、俄罗斯远东地区也有分布。

生长习性： 根系发达，抗风，生长快，易繁殖。耐干旱、水湿、寒冷。

栽培管理： 种子、扦插或埋条繁殖。

景观应用： 枝条柔软，树冠丰满，为早春蜜源树和固沙保土四旁绿化树种，是北方绿化的好树种。宜作护岸林、防风林、庭荫树及行道树。常栽培在河湖岸边或孤植于草坪，对植于建筑两旁。亦用作公路绿化、防护林及沙荒造林、农村四旁绿化等。

杨梅

Myrica rubra Siebold et Zuccarini

杨梅科Myricaceae，香杨梅属*Myrica*

形态特征：常绿乔木，高可达15 m以上，胸径达60余厘米；树皮灰色，老时纵向浅裂；树冠圆球形。叶革质，生存至2年脱落，密集于小枝上端部分；楔状倒卵形或长椭圆状倒卵形，长6～16 cm，先端圆钝或短尖，基部楔形，全缘，叶背疏被金黄色腺鳞。花雌雄异株。核果球状，外表面具乳头状凸起，径1～1.5 cm，栽培品种可达3 cm左右，味酸甜，成熟时深红色或紫红色；核为阔椭圆形或圆卵形。花期4月；果期5～7月。

分布区域：产于中国江苏、浙江、台湾、福建、江西、湖南、贵州、四川、云南、广西和广东。日本、朝鲜和菲律宾也有分布。

生长习性：喜温暖、湿润环境。喜酸性或微酸性砂质土壤，萌芽力强。

栽培管理：播种、压条或嫁接繁殖。

景观应用：枝繁叶茂，树冠圆整，初夏红果累累，十分可爱，是园林绿化结合生产的优良树种。宜孤植、丛植于草坪、庭园，或列植于路边；密植用来分隔空间或起遮蔽作用。

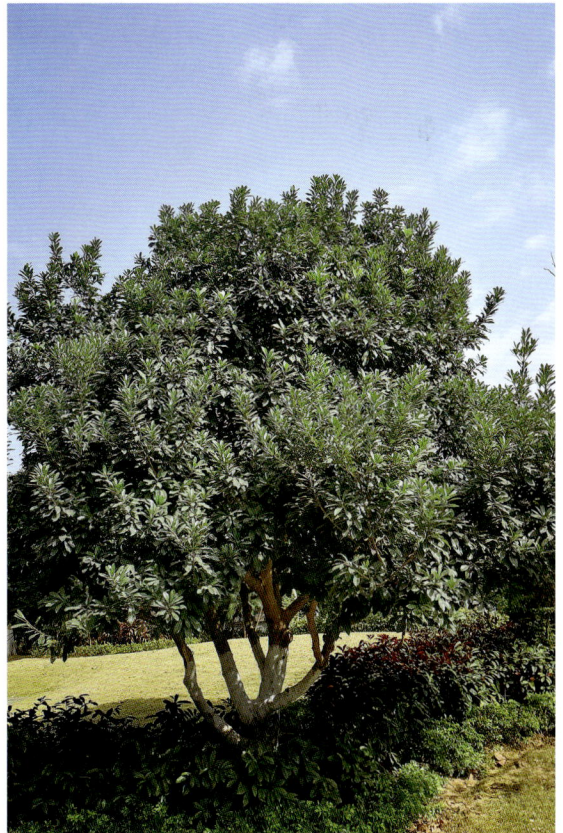

雷公青冈

Cyclobalanopsis hui (Chun) Chun ex Y. C. Hsu et H. W. Jen

壳斗科Fagaceae，青冈属*Cyclobalanopsis*

　　形态特征：常绿乔木，高10～15 m。叶片薄革质，长椭圆形、倒披针形或椭圆状披针形，长7～13 cm，宽1.5～3 cm，顶端圆钝稀渐尖，基部楔形，略偏斜，全缘，叶缘反曲。雄花序2～4个簇生，长5～9 cm，全体被黄棕色绒毛；雌花序长1～2 cm，花2～5朵，聚生于花序轴顶端。果序长约1 cm，有果1～2个。壳斗浅碗形至深盘形。坚果扁球形。花期：4～5月；果期：10～12月。

　　分布区域：产湖南、广东、广西等地。

　　生长习性：喜光，耐干旱，耐寒，稍耐阴。深根性直根系，萌芽力强。

　　栽培管理：播种繁殖。

　　景观应用：宜作风景林、园景树。可用于互通立交区、服务区绿化。

蒙古栎

Quercus mongolica Fischer ex Ledebour

壳斗科Fagaceae，栎属*Quercus*

形态特征：落叶乔木，高达30 m，树皮灰褐色，纵裂。幼枝紫褐色，有棱。叶片倒卵形至长倒卵形，长7～19 cm，宽3～11 cm；顶端短钝尖或短突尖，基部窄圆形或耳形，叶缘7～10对钝齿或粗齿。雄花序生于新枝下部，长5～7 cm；花被6～8裂；雌花序生于新枝上端叶腋，长约1 cm，有花4～5朵，1～2朵发育，花被6裂。壳斗杯形。坚果卵形至长卵形。花期：4～5月；果期：9月。

分布区域：产于中国黑龙江、吉林、辽宁、内蒙古、河北、山东等地。俄罗斯、朝鲜、日本也有分布。

生长习性：喜温暖湿润气候，耐瘠薄、寒冷和干旱。根系发达，有很强的萌蘖性。

栽培管理：播种繁殖。

景观应用：为营造防风林、水源涵养林及防火林的优良树种，宜作园景树、行道树。可孤植、丛植或与其他树木混交成林。

木麻黄

Casuarina equisetifolia L.

木麻黄科Casuarinaceae，木麻黄属*Casuarina*

　　形态特征：乔木，高可达30 m。叶鳞片状，每轮7枚，披针形或三角形，紧贴。花雌雄同株或异株；雄花序有覆瓦状排列、被白色柔毛的苞片；小苞片具缘毛；花被片2；雌花序顶生于近枝顶的侧生短枝上。球果状果序椭圆形。花期：4～5月；果期：7～10月。

　　分布区域：中国广西、广东、福建、台湾沿海地区普遍栽植。原产澳大利亚和太平洋岛屿，现美洲热带地区和亚洲东南部沿海地区广泛栽植。

　　生长习性：喜高温多湿气候，具有耐干旱、抗风沙和耐盐碱的特性，适生于海岸的疏松沙地。生长迅速，萌芽力强。

　　栽培管理：播种繁殖。

　　景观应用：树干通直，为热带海岸防风固沙的优良先锋树种，亦宜在城市及郊区作行道树、防护林或绿篱。

朴树

Celtis sinensis Pers.

榆科Ulmaceae，朴属*Celtis*

形态特征：落叶乔木。叶互生，叶柄长；叶片革质，宽卵形至狭卵形，先端急尖至渐尖，基部圆形或阔楔形，偏斜，中部以上边缘有浅锯齿，3出脉。花杂性，生当年枝的叶腋；核果近球形，红褐色；核果单生或2个并生，近球形，熟时红褐色。花期：3～4月；果期：9～10月。

分布区域：产中国长江中下游及以南地区和台湾；越南和老挝也有分布。

生长习性：喜光，喜温暖湿润气候，适应性强，耐干旱或贫瘠，抗风、抗大气污染。

栽培管理：播种繁殖，于春季进行。纯净种子可干藏，或是混沙层积至春季播种。

景观应用：树冠近椭圆状伞形，叶多而密，有较好的绿阴效果，为良好的庭园风景树和绿阴树。适合互通立交区、服务区绿化。

圆冠榆

Ulmus densa Litw.

榆科 Ulmaceae，榆属 *Ulmus*

形态特征：落叶乔木。叶卵形，长 4～9 cm，宽 2.5～5 cm，先端渐尖，基部偏斜，一边楔形，一边耳状，叶柄长 5～11 mm，上面被毛。花在去年生枝上排成簇状聚伞花序。翅果长圆状倒卵形、长圆形或长圆状椭圆形。花果期：4～5 月。

分布区域：原产俄罗斯。中国新疆、内蒙古及北京引种栽培。

生长习性：喜光、耐寒、耐旱、耐高温、耐盐碱。

栽培管理：嫁接繁殖。常以白榆为砧木，嫁接高度 1～2 m。

景观应用：主干端直，树形优美，绿阴浓密，生命力强，宜作园景树、行道树。

旱榆（灰榆）

Ulmus glaucescens Franch.

榆科Ulmaceae，榆属*Ulmus*

形态特征：落叶乔木或灌木，高可达18 m。叶卵形、菱状卵形、椭圆形、长卵形或椭圆状披针形，长2.5～5 cm，宽1～2.5 cm，先端至尾状渐尖，基部偏斜，楔形或圆，边缘具钝而整齐的单锯齿或近单锯齿；叶柄上面被短柔毛。花自混合芽抽出，散生于新枝基部或近基部，或自花芽抽出，3～5数，在去年生枝上呈簇生状。翅果椭圆形或宽椭圆形。花果期：3～5月。

分布区域：产于中国辽宁、河北、山东、河南、山西、内蒙古、陕西、甘肃及宁夏等地。

生长习性：喜光，耐寒，耐旱，耐瘠薄，适应性强。

栽培管理：播种、扦插或分蘖法繁殖。

景观应用：树干通直，树形优美，为西北地区荒山造林及防护林树种。适合作庭院观赏、公路、道路行道树绿化。

裂叶榆

Ulmus laciniata (Trautv.) Mayr

榆科 Ulmaceae，榆属 *Ulmus*

　　形态特征：落叶乔木，高达 27 m，胸径 50 cm；树皮淡灰褐色或灰色，浅纵裂，裂片较短，翘起，表面常呈薄片状剥落；1 年生枝幼时被毛，2 年生枝淡褐灰色、淡灰褐色或淡红褐色。叶倒卵形、倒三角状、倒三角状椭圆形或倒卵状长圆形，长 7～18 cm，宽 4～14 cm。花在去年生枝上排成簇状聚伞花序。翅果椭圆形或长圆状椭圆形，长 1.5～2 cm，宽 1～1.4 cm，果核部分位于翅果的中部或稍向下，宿存花钟状，5 浅裂，裂片边缘有毛。花果期：4～5 月。

　　分布区域：产于中国黑龙江、吉林、辽宁、内蒙古、河北、陕西、山西及河南。俄罗斯、朝鲜、日本也有分布。

　　生长习性：喜光，耐盐碱、耐寒、耐阴、耐旱、耐瘠薄，适应性强。

　　栽培管理：播种和嫁接繁殖。

　　景观应用：树形高大，树叶深绿，是很好的绿化树种，可孤植或丛植，宜做庭荫树。

榔榆（小叶榆）

Ulmus parvifolia Jacq.

榆科 Ulmaceae，榆属 *Ulmus*

形态特征： 落叶乔木，冬季叶变为黄色或红色，高达25 m；树冠广圆形，树干基部有时成板状根，树皮裂成不规则鳞状薄片剥落，露出红褐色内皮，近平滑。叶披针状卵形或窄椭圆形，先端尖或钝，基部偏斜，边缘从基部至先端有钝而整齐的单锯齿。花秋季开放，3~6数在叶腋簇生或排成簇状聚伞花序。翅果椭圆形或卵状椭圆形。花果期：8~10月。

分布区域： 产中国河北、山东、江苏、安徽、浙江、福建、台湾、江西、广东、广西、湖南、湖北、贵州、四川、陕西、河南等地。日本、朝鲜也有分布。

生长习性： 喜光，耐干旱。萌芽力强，对有毒气体烟尘抗性较强。

栽培管理： 播种或扦插繁殖。

景观应用： 树皮斑驳雅致，树形优美，枝叶细密，秋季叶色变红，是良好的观赏树及工厂绿化、四旁绿化树种，常孤植成景，适宜种植于池畔、亭榭附近，也可配于山石之间。

榆树

***Ulmus pumila* L.**

榆科 Ulmaceae，榆属 *Ulmus*

形态特征：落叶乔木，高达 25 m。单叶互生，羽状叶脉，椭圆状卵形，长卵形；叶缘多为单锯齿。花先叶开放，多为簇生的聚伞花序，生于1年生枝条的叶腋。翅果近圆形，稀倒卵形。花期：3月；果期：4～5月。

分布区域：产东北、华北、西北及西南各地。生于山坡、山谷、丘陵及沙岗等处。

生长习性：喜光，耐干旱、耐寒、耐瘠薄。生长快，根系发达，适应性强，能耐中度盐碱。

栽培管理：播种繁殖，种子成熟后随采随播；分蘖、扦插也可。

景观应用：防风固沙、保持水土能力强。可作西北荒漠、华北及淮北平原、丘陵及东北荒山、沙地及滨海盐碱地的造林或四旁绿化树种。

构树

Broussonetia papyrifera (L.) L'Heritier ex Ventenat

桑科 **Moraceae**，构树属 *Broussonetia*

形态特征： 落叶乔木，高可达 20 m；小枝密生柔毛。叶螺旋状排列；卵形或掌状分裂；叶缘锯齿形；长 6～18 cm，宽 5～9 cm；先端渐尖，基部心形，两侧常不相等。春季开花，雌雄异株，雄花柔荑花序，长穗状，绿色；雌花头状花序，紫红色。多花聚合果球形，熟时红色。花期：4～5月；果期：6～10月。

分布区域： 中国大部分地区有分布。

生长习性： 喜光，适应性强，耐干、旱瘠薄，也能生于水边，多生于石灰岩山地，也能在酸性土及中性土上生长；耐烟尘，抗大气污染力强。

栽培管理： 播种或扦插繁殖。果熟期采摘收取的种子，在室内阴干后即可播种或沙藏。

景观应用： 枝叶茂密且抗性强、生长快，是城乡绿化的重要树种，尤其适合用作工矿区及荒山坡地绿化，可选作庭荫树及防护林用，还可用于公路边坡植被恢复树种。

高山榕

Ficus altissima Bl.

桑科Moraceae，榕属*Ficus*

　　形态特征： 大乔木，高25～30 m；树皮灰色。叶厚革质，广卵形至广卵状椭圆形，长10～19 cm，宽8～11 cm，先端钝，急尖，基部宽楔形，全缘，侧脉5～7对；托叶厚革质，长2～3 cm，外面被灰色绢丝状毛。榕果成对腋生，椭圆状卵圆形，成熟时红色或带黄色，顶部脐状凸起。瘦果表面有瘤状凸体。花期：3～4月；果期：5～7月。

　　分布区域： 产于中国广东、海南、广西、云南、四川。尼泊尔、不丹、印度、缅甸、越南、泰国、马来西亚、印度尼西亚、菲律宾也有分布。

　　生长习性： 喜光，稍耐阴，耐旱，耐瘠薄土壤。

　　栽培管理： 播种或扦插繁殖。

　　景观应用： 树冠广阔，树姿稳键壮观，成熟时金黄色，是较好的城市绿化树种。适合用作园景树和遮阴树。

垂叶榕

Ficus benjamina L.

桑科Moraceae，榕属*Ficus*

形态特征： 大乔木，高达20 m，胸径30～50 cm，树冠广阔。叶薄革质，卵形至卵状椭圆形，长4～8 cm，宽2～4 cm，先端短渐尖，基部圆形或楔形，全缘。榕果成对或单生叶腋，基部缢缩成柄，球形或扁球形，成熟时红色至黄色，直径8～15 cm；雄花、瘿花、雌花同生于一榕果内；雄花极少数，具柄，花被片4，宽卵形；瘿花具柄，多数，花被片4～5，狭匙形；雌花无柄，花被片短匙形。瘦果卵状肾形。花期：8～11月。

分布区域： 产于中国广东、海南、广西、云南、贵州。尼泊尔、不丹、印度、缅甸、泰国、越南、马来西亚、菲律宾、巴布亚新几内亚、所罗门群岛、澳大利亚有分布。

生长习性： 喜光、耐热、耐旱、耐湿、耐风、耐阴、抗污染、耐修剪、易移植。

栽培管理： 播种或扦插繁殖。

景观应用： 枝叶茂密，树姿美观，适应性和抗性强。宜作行道树和庭园风景树孤植、丛植或列植，可修剪成方形、圆柱形、球形等造型，或密行植作高篱。

榕树

Ficus microcarpa L. f.

桑科 Moraceae，榕属 *Ficus*

形态特征：大乔木，高达 15～25 m，冠幅广展。树皮深灰色。叶薄革质，狭椭圆形，长 4～8 cm，宽 3～4 cm，先端钝尖，基部楔形，全缘。榕果成对腋生或生于已落叶枝叶腋，成熟时黄色或微红色，扁球形。瘦果卵圆形。花期：5～6 月。

分布区域：产于中国广东、广西、浙江、福建、台湾、湖北、贵州、云南。斯里兰卡、印度、缅甸、泰国、越南、马来西亚、菲律宾、日本、巴布亚新几内亚和澳大利亚也有分布。

生长习性：喜光，耐热、耐旱、耐湿、耐风、耐阴、抗污染、耐修剪、易移植。

栽培管理：播种或扦插繁殖。

景观应用：树冠广阔，是较好的城市绿化树种。适合用作园景树、遮阴树。

栽培品种有'黄金榕'（'黄金叶'）*Ficus microcarpa* 'Golden Leaves' 叶色金黄亮丽。常作绿篱。可用于边坡、碎落台、中央分隔带、互通立交区、服务区绿化。

厚叶榕

Ficus microcarpa var. *crassifolia* (W. C. Shieh) J. C. Liao

桑科Moraceae，榕属*Ficus*

形态特征：小乔木。树皮深灰色。叶厚革质，狭椭圆形，长4～8 cm，宽3～4 cm，先端钝尖，基部楔形，叶面深绿色，干后深褐色，有光泽，全缘，基生叶脉延长，侧脉3～10对；叶柄长5～10 mm，无毛；托叶小，披针形，长约8 mm。榕果成对腋生或生于已落叶枝叶腋，成熟时黄或微红色，扁球形；雄花、雌花、瘿花同生于一榕果内；雄花无柄或具柄，散生内壁；雌花与瘿花相似，花被片3，广卵形，花柱近侧生，柱头短，棒形。瘦果卵圆形。花期5～6月。

分布区域：主要分布于中国台湾的花莲，恒春半岛及附近岛屿（兰屿）；广东、海南、福建等有栽培。

生长习性：喜光，耐半阴，耐盐碱。生于海岸石灰岩生境。

栽培管理：播种、扦插或压条繁殖繁。

景观应用：四季常青，常栽植作绿篱，或庭院绿化。

绿黄葛树（大叶榕、黄葛树）

Ficus virens Aiton

桑科 Moraceae，榕属 *Ficus*

　　形态特征：落叶或半落叶乔木，有板根或支柱根，幼时附生。叶薄革质或皮纸质，卵状披针形至椭圆状卵形，长 10～15 cm，宽 4～7 cm，先端短渐尖，基部钝圆或楔形至浅心形，全缘。托叶披针状卵形，先端急尖，长可达 10 cm。榕果单生或成对腋生或簇生于已落叶枝叶腋，球形，成熟时紫红色，基生苞片 3。雄花、瘿花、雌花生于同一榕果内；雄花生榕果内壁近口部，花被片 4～5，披针形；瘿花具柄，花被片 3～4；雌花与瘿花相似。瘦果表面有皱纹。花期：5～8 月。

　　分布区域：产于中国广东、广西、湖北、四川、贵州、云南、陕西等省。斯里兰卡、印度、不丹、缅甸、泰国、越南、马来西亚、印度尼西亚、菲律宾、所罗门群岛和澳大利亚也有分布。

　　生长习性：生性强健，耐干旱瘠薄，又能抵抗强风，抗大气污染，且移栽容易成活。

　　栽培管理：播种或扦插繁殖。

　　景观应用：树冠浓阴，适宜作风景树或行道树，亦为护岸、保堤、护壁的绿化树种。

桑树

Morus alba L.

桑科Moraceae，桑属*Morus*

形态特征：乔木或为灌木，高3～10 m或更高，胸径可达50 cm，树皮厚，灰色，具不规则浅纵裂。叶卵形或广卵形，长5～15 cm，宽5～12 cm，先端急尖、渐尖或圆钝，基部圆形至浅心形，边缘锯齿粗钝，叶面鲜绿色，叶背沿脉有疏毛，脉腋有簇毛。花单性，腋生或生于芽鳞腋内；雄花序下垂，长2～3.5 cm，密被白色柔毛。雄花的花被片宽椭圆形，淡绿色。雌花序长1～2 cm，被毛，总花梗被柔毛，花被片倒卵形，顶端圆钝，外面和边缘被毛。聚花果卵状椭圆形，成熟时红色或暗紫色。花期：4～5月；果期：5～8月。

分布区域：原产中国中部和北部，现东北至西南各地，西北直至新疆均有栽培。朝鲜、日本、蒙古、中亚各国、俄罗斯、印度、越南、欧洲等地有栽培。

生长习性：喜温暖湿润气候，稍耐阴。耐旱，不耐涝，耐瘠薄。

栽培管理：播种、嫁接或压条繁殖。

景观应用：桑树树冠宽阔，树叶茂密，秋季叶色变黄，颇为美观，且能抗烟尘及有毒气体，适于城市、工矿区及农村四旁绿化。适应性强，为良好的绿化及经济树种。

枸骨（枸骨冬青）

Ilex cornuta Lindl. et Paxt.

冬青科 Aquifoliaceae，冬青属 *Ilex*

　　形态特征：常绿灌木或小乔木，高 1～3 m；2 年生枝褐色，3 年生枝灰白色，具纵裂缝及隆起的叶痕。叶片厚革质，二型，四角状长圆形或卵形，长 4～9 cm，宽 2～4 cm，先端具 3 枚尖硬刺齿，中央刺齿常反曲，基部圆形或近截形；叶柄被微柔毛；托叶胼胝质，宽三角形。花序簇生于 2 年生枝的叶腋内，基部宿存鳞片近圆形，被柔毛，具缘毛；苞片卵形，先端钝或具短尖头，被短柔毛和缘毛；花淡黄色，4 基数。果球形，成熟时鲜红色。花期：4～5 月；果期：10～12 月。

　　分布区域：产江苏、上海、安徽、浙江、江西、湖北、湖南等地。

　　生长习性：喜光，耐干旱，较耐寒；喜肥沃的酸性土壤，不耐盐碱。

　　栽培管理：播种或扦插繁殖。

　　景观应用：树形美丽，果实秋冬红色，挂于枝头，供庭园观赏。宜作基础种植及岩石园材料，也可孤植于花坛中心，对植于前庭、路口，或丛植于草坪边缘。

黄金枸骨（狭叶冬青）

Ilex × attenuata 'Sunny Foster'

冬青科Aquifoliaceae，冬青属*Ilex*

形态特征：常绿灌木至小乔木，高3～5m。树皮棕红色至灰色，平滑。单叶互生，叶革质，有光泽，椭圆形至长椭圆形，长3～8cm，宽1～4cm，两侧各有坚硬刺齿1～4。新叶金黄色，随着生长叶色逐渐变为深绿色至暗红色。雌株，聚伞花序腋生，花小，白色，花萼花瓣各4枚，花瓣长圆形，基部连接。核果亮红色。花期：5～6月；果期：11～12月。

分布区域：中国长江流域及以南、华南、西南等有栽培。分布于亚洲、美洲的热带、亚热带及温带地区。

生长习性：喜光，耐阴，喜肥沃且排水良好的土壤，对土壤要求不严。耐寒、耐旱、耐瘠薄，对有害气体有较强抗性。

栽培管理：扦插繁殖为主。萌蘖力强，耐修剪。病虫害少见。

景观应用：黄金枸骨株形呈塔形，适用于道路、中央分隔带、河岸、公园、庭院等绿化。宜作色带、色块、绿篱或与其他色叶树种搭配栽植，色彩对比鲜明。

铁冬青

Ilex rotunda Thunb.

冬青科Aquifoliaceae，冬青属*Ilex*

形态特征：常绿中乔木。树皮淡绿灰色，内皮黄色；茎枝灰绿色，圆柱形，有棱。单叶互生；叶仅见于当年生枝上，叶片薄革质或纸质、卵形、倒卵形或椭圆形，长4～9 cm，宽1.8～4 cm，先端短渐尖，基部楔形或钝，全缘，稍反卷。聚伞花序或伞形状花序具4～6（13）花，单生于当年生枝的叶腋内。果为浆果状核果，熟时红色。花期：5～6月；果期：10～11月。

分布区域：产于中国广东、广西、江西、福建、台湾、江苏、安徽、湖北、贵州等地。

生长习性：喜光，喜湿润肥沃、排水良好的酸性土壤。

栽培管理：播种繁殖。12月果实成熟时从树上采下果实，取出种子，用湿沙低温贮藏，翌年春天播种。

景观应用：树形洁净优雅，树叶厚而密，果实由黄色转红色，秋后红果累累。适作园景树、行道树或观果植物。

卫矛

Euonymus alatus (Thunb.) Sieb.

卫矛科Celastraceae，卫矛属*Euonymus*

形态特征：灌木，高1～3 m；小枝常具2～4列宽阔木栓翅。叶卵状椭圆形、窄长椭圆形，偶为倒卵形，长2～8 cm，宽1～3 cm，边缘具细锯齿。聚伞花序1～3花；花序梗长约1 cm；花白绿色，4数；花瓣近圆形。蒴果1～4深裂，裂瓣椭圆状；种子椭圆状或阔椭圆状，种皮褐色或浅棕色，假种皮橙红色，全包种子。花期：5～6月；果期：7～10月。

分布区域：除东北、新疆、青海、西藏、广东及海南以外，中国各地均产。日本、朝鲜也有分布。

生长习性：喜光，耐旱、耐瘠薄、耐寒冷和耐修剪。

栽培管理：播种和扦插繁殖。

景观应用：枝翅奇特，秋叶红艳耀目，果裂亦红，抗性强、能净化空气，美化环境，广泛应用于城市园林、道路、公路绿化的绿篱带。

扶芳藤

Euonymus fortunei (Turcz.) Hand.-Mazz.

卫矛科Celastraceae， 卫矛属*Euonymus*

形态特征：常绿藤本灌木，高1至数米。叶薄革质，椭圆形、长方椭圆形或长倒卵形，宽窄变异较大，可窄至近披针形，长3.5～8 cm，宽1.5～4 cm，先端钝或急尖，基部楔形。聚伞花序3～4次分枝；花白绿色，4数。蒴果粉红色，果皮光滑，近球状；种子长椭圆状，棕褐色，假种皮鲜红色，全包种子。花期：6月；果期：10月。

分布区域：产中国黄河流域以南地区。日本和朝鲜也有分布。

生长习性：喜光且耐阴，较耐寒；对土壤要求不严，耐瘠薄干旱，以温暖湿润环境为佳。

栽培管理：播种、压条或扦插繁殖。即采即播或沙藏后春播；扦插繁殖，因其萌芽力强，一般6～7月间扦插极易成活。

景观应用：扶芳藤叶色油绿，秋季变红，美丽，且攀缘力强，常用以点缀院墙，山岩、石壁。

冬青卫矛（大叶黄杨）

Euonymus japonicus Thunb.

卫矛科 Celastraceae，卫矛属 *Euonymus*

形态特征：常绿灌木或小乔木，高达 3 m；小枝近四棱形。叶片革质，叶面有光泽；倒卵形或狭椭圆形；长 3～6 cm，宽 2～3 cm；顶端尖或钝，基部楔形，边缘有细锯齿。花绿白色，4 数，5～12 朵排列成密集的聚伞花序，腋生。蒴果近球形，有 4 浅沟，直径约 1 cm；种子棕色，假种皮橘红色。花期：6～7 月；果熟期 9～10 月。

分布区域：原产日本。中国南北均有栽培。

生长习性：喜光，较耐寒，耐干旱瘠薄。适应性强，酸性土、中性土或微碱性土均能适应。萌生性强，极耐修剪整形。

栽培管理：以扦插繁殖为主。硬枝扦插在春、秋两季进行，软枝扦插在夏季进行。

景观应用：极耐修剪整形，为优良的绿篱树种。对多种有毒气体抗性强，抗烟功能强，并能净化空气，是污染区理想的绿化树种。

白杜（丝棉木）

Euonymus maackii Rupr.

卫矛科Celastraceae，卫矛属*Euonymus*

形态特征：小乔木，高达6 m。叶卵状椭圆形、卵圆形或窄椭圆形，长4～8 cm，宽2～5 cm，先端长渐尖，基部阔楔形或近圆形，边缘具细锯齿。聚伞花序3至多花，长1～2 cm；花4数，淡白绿色或黄绿色。蒴果倒圆心状，4浅裂，成熟后果皮粉红色；种子长椭圆状，种皮棕黄色，假种皮橙红色，全包种子，成熟后顶端常有小口。花期：5～6月；果期：9～10月。

分布区域：北起黑龙江包括华北、内蒙古各地，南到长江南岸各地，西至甘肃，至长江以北地区。

生长习性：喜光、耐寒、耐旱、稍耐阴，也耐水湿；根萌蘖力强，生长较慢。有较强的适应能力，对土壤要求不严，最适宜栽植在肥沃、湿润的土壤中。

栽培管理：播种繁殖。10月中下旬采种，先在阳光下摊晒，待果皮开裂后，收集种子并在阴凉干燥处阴干。翌年将种子用30℃左右的温水浸泡24 h，混湿沙播种。

景观应用：枝叶秀丽，入秋后果实粉红色，是园林绿地的优美观赏树种。抗性较强，抗SO_2和Cl_2等有害气体，宜植于林缘、草坪路旁、湖边及溪畔，也可用作防护林或厂区绿化。

栓翅卫矛
Euonymus phellomanus Loesener

卫矛科Celastraceae，卫矛属*Euonymus*

形态特征： 灌木，高3～4m；枝条硬直，具4纵列木栓厚翅。叶长椭圆形或略呈椭圆倒披针形，长6～11cm，宽2～4cm，先端窄长渐尖，边缘具细密锯齿。聚伞花序2～3次分枝，有花7～15朵；花白绿色，4数。蒴果4棱，倒圆心状，粉红色；种子椭圆状，种脐、种皮棕色，假种皮橘红色，包被种子全部。花期：7月；果期：9～10月。

分布区域： 产于中国甘肃、陕西、河南及四川。

生长习性： 喜光亦耐阴，耐瘠薄土壤，较耐盐碱，可抗高温严寒。

栽培管理： 播种繁殖。

景观应用： 树姿优美，花淡绿色，果实繁多，色泽艳丽，是城市园林绿化、美化的观型、观果树种。可在城市广场、公园、庭院、小区等地栽植，亦可和其他树种配置栽植于道路、草坪、墙垣及假山石旁。

陕西卫矛
Euonymus schensianus Maxim.

卫矛科Celastraceae，卫矛属*Euonymus*

　　形态特征：藤本灌木，高达数米；枝条稍带灰红色。叶花时薄纸质，果时纸质或稍厚，披针形或窄长卵形，长4～7 cm，宽1.5～2 cm，先端急尖或短渐尖，边缘有纤毛状细齿，基部阔楔形。花序长大细柔，多数集生于小枝顶部，形成多花状；花4数，黄绿色；花瓣稍带红色。蒴果方形或扁圆形；每室只1个种子成熟，种子黑色或棕揭色，全部被橘黄色假种皮包围。花期：4月；果期：8月。

　　分布区域：产于中国陕西、甘肃、四川、湖北、贵州也有。

　　生长习性：喜光，耐阴，耐旱。

　　栽培管理：嫁接繁殖和播种繁殖，砧木应选3～4年生，干径为1.5～2 cm的枝条。

　　景观应用：其枝叶茂密，果形奇特，多用于小区、庭院、广场及公园绿化，适宜孤植。

枳椇（拐枣）

Hovenia acerba Lindl.

鼠李科Rhamnaceae，枳椇属*Hovenia*

形态特征：高大乔木，高10～25 m；小枝褐色或黑紫色，有明显白色的皮孔。叶互生，厚纸质至纸质，宽卵形、椭圆状卵形或心形，长8～17 cm，宽6～12 cm，顶端渐尖，基部截形或心形，边缘具整齐浅而钝的细锯齿。二歧式聚伞圆锥花序；花两性，花瓣椭圆状匙形。浆果状核果近球形；果序轴明显膨大；种子暗褐色或黑紫色。花期：5～7月；果期：8～10月。

分布区域：产于中国广东、广西、湖南、湖北、江西、福建、安徽、浙江、江苏、甘肃、陕西、河南、四川、云南、贵州。印度、尼泊尔、不丹和缅甸北部也有分布。

生长习性：喜光，喜生于肥沃、湿润的土壤。

栽培管理：播种繁殖。在9～10月果实成熟时收取种子。采后用湿沙层积法催芽，春季时播种。

景观应用：树形优美，枝叶浓密，以作行道树和遮阴树。果序轴肥厚、含丰富的糖，可生食、酿酒、熬糖，民间常用以浸制拐枣酒，能治风湿。种子为清凉利尿药，能解酒毒，适用于热病消渴、酒醉、烦渴、呕吐、发热等症。

北枳椇（拐枣）

Hovenia dulcis Thunb.

鼠李科 Rhamnaceae，枳椇属 *Hovenia*

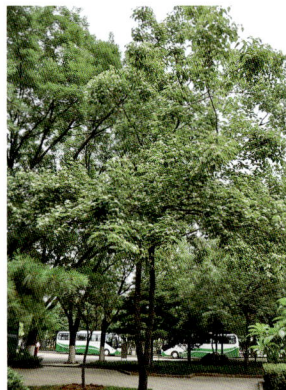

形态特征： 乔木，高达10余米。叶纸质，卵圆形、宽矩圆形或椭圆状卵形，长7～17 cm，宽4～11 cm，顶端渐尖，基部截形，边缘有不整齐的锯齿或粗锯齿，基部3出脉。花黄绿色，排成不对称的顶生；花瓣倒卵状匙形。浆果状核果近球形，成熟时黑色；花序轴结果时稍膨大；种子深栗色或黑紫色。花期：5～7月；果期：8～10月。

分布区域： 产中国河北、山东、山西、河南、陕西、甘肃、四川北部、湖北西部、安徽、江苏、江西。日本、朝鲜也有分布。

生长习性： 喜温暖湿润的气候条件，喜光，喜生于肥沃、湿润的土壤。

栽培管理： 播种繁殖。在10～11月果实成熟时收取种子。采后用湿沙层积法催芽，春季时播种。

景观应用： 树干端直，冠大阴浓，白花满枝，清香四溢，宜于庭园栽培，或作行道树和遮阴树。

枣

Ziziphus jujuba Mill.

鼠李科Rhamnaceae ， 枣属*Ziziphus*

形态特征： 落叶小乔木，稀灌木，高达10余米；树皮褐色或灰褐色；枝紫红色或灰褐色，呈"之"字形曲折，具2个托叶刺，长刺可达3 cm，粗直，短刺下弯。叶纸质，卵形，卵状椭圆形，或卵状矩圆形；长3～7 cm，宽1.5～4 cm，顶端钝或圆形，稀锐尖，具小尖头，基部稍不对称，近圆形，边缘具圆齿状锯齿。花黄绿色，两性，5基数，单生或2～8个密集成腋生聚伞花序；花瓣倒卵圆形。核果矩圆形或长卵圆形，长2～3.5 cm，直径1.5～2 cm，成熟时红色，后变红紫色；种子扁椭圆形。花期：5～7月；果期：8～9月。

分布区域： 产中国吉林、辽宁、河北、山东、山西、陕西、河南、甘肃、新疆、安徽、江苏、浙江、江西、福建、广东、广西、湖南、湖北、四川、云南、贵州。本种原产中国，现在亚洲、欧洲和美洲常有栽培。

生长习性： 喜光，耐旱、耐涝、耐贫瘠、耐盐碱。

栽培管理： 播种或分株繁殖。

景观应用： 翠叶垂阴，防风固沙，宜在庭园、路旁散植或成片栽植，是良好的防护林和结合生产的好树种，也为良好的蜜源植物。

沙枣

Elaeagnus angustifolia L.

胡颓子科Elaeagnaceae，胡颓子属*Elaeagnus*

形态特征：落叶乔木，高达15 m，胸径1 m，常呈小乔木或灌木状，树干多弯曲，具枝刺。幼枝密被银白色鳞片。叶长圆状披针形或条状披针形叶面幼时具银白色鳞片，叶背密被白色鳞片。花银白色，直立，单生，或2～3朵簇生。果椭圆形，黄色或粉红色，密被银色鳞片；果肉粉质。花期：5～6月；果期：9～10月。

分布区域：产于中国辽宁、河北、山西、河南、陕西、甘肃、内蒙古、宁夏、新疆、青海，通常为栽培植物，亦有野生。分布于俄罗斯、中东、近东至欧洲。

生长习性：生命力很强，具有抗旱，抗风沙，耐盐碱，耐贫瘠等特点。天然沙枣分布于降水量低于150 mm的荒漠和半荒漠地区。

栽培管理：播种、扦插或根蘖繁殖。

景观应用：沙枣根蘖性强，能保持水土，抗风沙，防止干旱，调节气候，改良土壤，常用来营造防护林、防沙林、用材林和风景林。

牛奶子

Elaeagnus umbellata Thunb.

胡颓子科Elaeagnaceae，胡颓子属*Elaeagnus*

形态特征：落叶灌木，高1～4 m，具长1～4 cm的刺。叶纸质或膜质，椭圆形至卵状椭圆形或倒卵状披针形，长3～8 cm，宽1～3.2 cm，顶端钝形或渐尖，基部圆形至楔形，边缘全缘或皱卷至波状；叶柄白色。花较叶先开放，黄白色，芳香，密被银白色盾形鳞片，1～7花簇生新枝基部，单生或成对生于幼叶腋；花梗白色；萼筒圆筒状漏斗形，裂片卵状三角形，顶端钝尖。果实几球形或卵圆形，幼时绿色，被银白色或有时全被褐色鳞片，成熟时红色。花期：4～5月；果期：7～8月。

分布区域：产中国华北、华东、西南各地和陕西、甘肃、青海、宁夏、辽宁、湖北。日本、朝鲜、中南半岛、印度、尼泊尔、不丹、阿富汗、意大利等均有分布。

生长习性：喜光，耐旱、耐寒、耐瘠薄。

栽培管理：播种、扦插或根蘖繁殖。枝干沙埋后能生不定根。春季播种时用热水浸种，也可秋播。

景观应用：根系发达，是水土保持和防沙造林的良好树种。可用于边坡绿化。

沙棘

Hippophae rhamnoides L.

胡颓子科Elaeagnaceae，沙棘属*Hippophae*

　　形态特征：落叶灌木或乔木，高1～5 m，高山沟谷可达18 m，棘刺较多，粗壮，顶生或侧生；嫩枝褐绿色，老枝灰黑色，粗糙。单叶近对生，纸质，狭披针形或矩圆状披针形，长30～80 mm，宽4～10 mm。果实圆球形，橙黄色或橘红色；种子小，阔椭圆形至卵形，黑色或紫黑色，具光泽。花期：4～5月；果期：9～10月。

　　分布区域：产河北、内蒙古、山西、陕西、甘肃、青海、四川。

　　生长习性：喜光，耐寒，耐酷热，耐风沙及干旱气候。对土壤适应性强。

　　栽培管理：播种或扦插繁殖。

　　景观应用：沙棘是防风固沙，保持水土，改良土壤的优良树种。是目前世界上含有天然维生素种类最多的珍贵经济林树种。

五叶地锦（美国地锦、美国爬墙虎）

Parthenocissus quinquefolia (L.) Planch

葡萄科Vitaceae，地锦属*Parthenocissus*

　　形态特征：木质藤本。小枝圆柱形。卷须总状5～9分枝，相隔2节间断与叶对生，卷须顶端嫩时尖细卷曲，后遇附着物扩大成吸盘。叶为掌状5小叶，小叶倒卵圆形、倒卵椭圆形或外侧小叶椭圆形，长5.5～15 cm，宽3～9 cm，最宽处在上部或外侧小叶最宽处在近中部，顶端短尾尖，基部楔形或阔楔形，边缘有粗锯齿。圆锥状多歧聚伞花序。果实球形，有种子1～4颗；种子倒卵形。花期：6～7月；果期：8～10月。

　　分布区域：中国东北、华北各地有栽培。原产北美。

　　生长习性：耐寒、耐旱、耐贫瘠，喜阴湿，对环境适应性极强。

　　栽培管理：播种、扦插或压条繁殖。

　　景观应用：新叶嫩绿，入秋后则变为橙黄色或砖红色，为优美的垂直绿化材料。

地锦（爬墙虎）

Parthenocissus tricuspidata (Sieb. et Zucc.) Planch.

葡萄科 Vitaceae，地锦属 *Parthenocissus*

　　形态特征：木质藤本。小枝圆柱形。卷须5～9分枝，相隔2节间断与叶对生。卷须顶端嫩时膨大呈圆珠形，后遇附着物扩大成吸盘。叶为单叶，着生在短枝上为3浅裂，时有着生在长枝上者小型不裂，叶片倒卵圆形，长4.5～17 cm，宽4～16 cm，顶端裂片急尖，基部心形，边缘有粗锯齿。花序着生在短枝上，基部分枝，形成多歧聚伞花序；花瓣5，长椭圆形。果实球形，直径1～1.5 cm，有种子1～3颗；种子倒卵圆形，顶端圆形，基部急尖成短喙。花期：5～8月；果期：9～10月。

　　分布区域：产中国安徽、江苏、浙江、福建、台湾、河南、山东、河北、辽宁、吉林。朝鲜、日本也有分布。

　　生长习性：耐寒，耐旱，耐贫瘠，喜阴湿，对环境适应性极强。

　　栽培管理：扦插、压条或播种繁殖。

　　景观应用：新叶嫩绿，入秋后则变为橙黄色或砖红色，为优美的垂直绿化材料。可用于路堤边坡、挡墙、岩石边坡等的垂直绿化。

葡萄

Vitis vinifera L.

葡萄科Vitaceae，葡萄属*Vitis*

形态特征：木质藤本。卷须2叉分枝，每隔2节间断与叶对生。叶卵圆形，长7～18 cm，宽6～16 cm，中裂片顶端急尖，基部深心形，基缺凹成圆形，边缘有锯齿；基生脉5出。圆锥花序密集或疏散，多花，与叶对生；花瓣5。果实球形或椭圆形。花期：4～5月；果期：8～9月。

分布区域：原产亚洲西部，现世界各地均有栽培，集中分布在北半球。

生长习性：喜光和通风的环境，喜疏松肥沃的中性砂砾土壤，耐寒，耐干燥，忌积水。

栽培管理：扦插、压条或嫁接繁殖。遇春寒要注意多施磷肥和高碳有机质。

景观应用：适宜园林景观建设，可在棚架、绿廊、花架等处造景，或辅以支架在建筑物南侧向阳处栽培。

黄檗

Phellodendron amurense Rupr.

芸香科Rutaceae，黄檗属*Phellodendron*

形态特征：树高10～30 m。小叶5～13片，小叶薄纸质或纸质，卵状披针形或卵形，长6～12 cm，宽2.5～4.5 cm，顶部长渐尖，基部阔楔形，一侧斜尖，或为圆形，叶缘有细钝齿和缘毛，秋季落叶前叶色由绿转黄，毛被大多脱落。花序顶生；萼片细小，阔卵形；花瓣紫绿色。果圆球形，蓝黑色，有5～8浅纵沟；种子常5粒。花期：5～6月；果期：9～10月。

分布区域：产中国东北和华北各地，河南、安徽北部、宁夏也有分布。朝鲜、日本、俄罗斯（远东）、中亚和欧洲东部也有分布。

生长习性：喜光，适应性强，耐寒，深根性，抗风，萌芽力强。

栽培管理：播种、扦插繁殖。

景观应用：枝叶茂密，树形美观，为良好的蜜源植物，宜作庭荫树和行道树，或植于坡地、路旁、住宅旁及溪河附近。

九里香
Murraya exotica L. Mant.

芸香科Rutaceae，九里香属*Murraya*

形态特征： 小乔木，高达8 m。奇数羽状复叶，小叶3～7，倒卵形或倒卵状椭圆形，长1～6 cm，先端圆钝或钝尖，有时微凹，基部楔形，全缘。花序伞房状或圆锥状聚伞花序，顶生，或兼有腋生，花白色，芳香；萼片卵形；花瓣5，长椭圆形，花时反折。果橙黄色至朱红色，宽卵形或椭圆形，顶部短尖，稍歪斜，有时球形，果肉含胶液。种子被绵毛。花期：4～8月；果期：9～12月。

分布区域： 产于中国云南、贵州、湖南、广东、广西、福建、海南、台湾等地，以及亚洲其他一些热带及亚热带地区。

生长习性： 喜光树种，喜温暖，不耐寒。对土壤要求不严，砂质土壤生长较好。

栽培管理： 播种、压条、嫁接繁殖。

景观应用： 树姿秀雅，四季常青，花洁白芳香，果红夺目，一年四季均宜观赏。可用作围篱材料，或作花圃及宾馆的点缀品，亦作盆景材料。

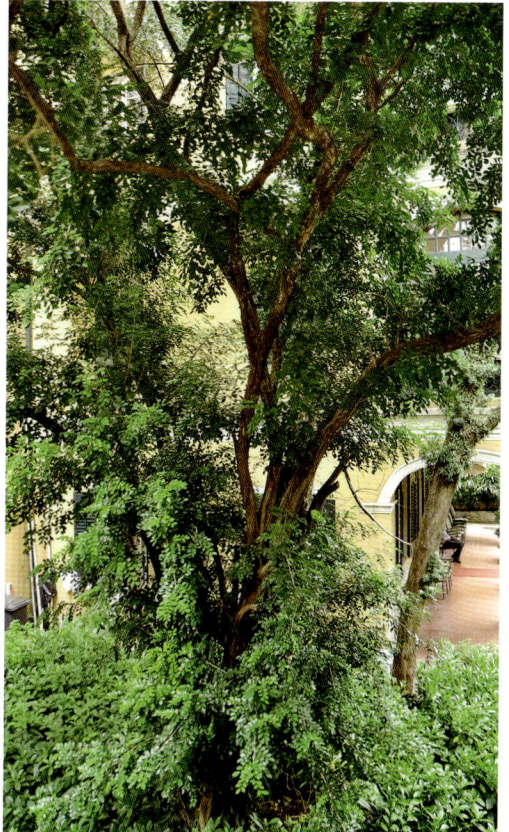

臭椿

Ailanthus altissima (Mill.)Swingle

苦木科 Simaroubaceae，臭椿属 *Ailanthus*

形态特征：落叶乔木，高可达 20 m，树皮平滑而有直纹。叶为奇数羽状复叶，长 40～60 cm，叶柄长 7～13 cm，有小叶 13～27；小叶对生或近对生，纸质，卵状披针形，长 7～13 cm，宽 2.5～4 cm，先端长渐尖，基部偏斜，截形或稍圆，两侧各具 1 或 2 个粗锯齿，齿背有腺体 1 个。圆锥花序长 10～30 cm；花淡绿色；花瓣 5。翅果长椭圆形；种子扁圆形。花期：4～5 月；果期：8～10 月。

分布区域：中国除黑龙江、吉林、新疆、青海、宁夏、甘肃和海南外，各地均有分布。世界各地广为栽培。

生长习性：喜光，耐寒，耐干旱瘠薄土壤和中性盐碱土，适应性强，深根性，生长迅速，萌蘖性强。喜生于钙质土壤上。对烟尘与 SO_2 的抗性较强。

栽培管理：播种或分蘖或根蘖繁殖。播种前种子浸泡水中 24 h，播后 10～15 天便可出芽。

景观应用：枝繁叶茂，树姿雄伟，春季嫩叶紫红，是优良遮阴树、行道树及工矿绿化树。可作园林风景树和行道树。

苦楝

Melia azedarach L.

楝科 Meliaceae，楝属 *Melia*

形态特征： 落叶乔木。高达10 m；树皮灰褐色，浅纵裂。枝条开展，树冠近平顶状。枝条粗壮，幼枝有星状毛，小枝绿色，密生白色皮孔。小枝有叶痕。2～3回奇数羽状复叶互生；小叶对生，卵形或椭圆形，基部楔形或圆形，边缘具粗钝齿或深浅不一的齿裂。腋生圆锥花序，花浅紫色，萼钟形5裂，花瓣5枚。核果球形，熟时淡黄色。花期：4～5月；果期：10～11月。

分布区域： 中国黄河以南各地常见栽培。广布亚洲热带和亚热带地区。

生长习性： 喜光，耐旱，耐寒，耐风，对SO_2抗性强，生长快，萌芽性强。

栽培管理： 播种、分根、萌芽繁殖均可。

景观应用： 树冠、叶姿优美，果实玲珑可爱，生长快速，为分布区常见行道树和绿阴树。

车桑子（坡柳）

Dodonaea viscosa (L.) Jacq.

无患子科Sapindaceae，车桑子属*Dodonaea*

形态特征：灌木或小乔木，高1～3 m或更高。单叶，纸质，线形、线状匙形、线状披针形、倒披针形或长圆形，长5～12 cm，宽0.5～4 cm，顶端短尖、钝或圆，全缘或不明显的浅波状。花序顶生或在小枝上部腋生，密花，主轴和分枝均有棱角；萼片4，披针形或长椭圆形。蒴果倒心形或扁球形，2或3翅；种子透镜状，黑色。花期：秋末；果期：冬末春初。

分布区域：产中国西南部、南部至东南部。分布于全世界的热带和亚热带地区。

生长习性：喜阳光充足，喜温暖，耐干旱和瘠薄，萌生力强，根系发达，有丛生习性。

栽培管理：播种繁殖。采集的种子放置于通风阴凉的地方储藏，春夏秋季均可播种，保持土壤湿润，容易发芽。

景观应用：车桑子是一种良好的固沙保土树种。常生于干旱山坡、旷地或海边的沙土上。可用作公路边坡植被恢复树种，或群植于庭园，或作绿篱。

复羽叶栾树

Koelreuteria bipinnata Franch.

无患子科Sapindaceae，栾树属*Koelreuteria*

形态特征： 乔木。树皮暗灰色；小枝灰色，有短柔毛并有皮孔密生。二回羽状复叶，对生，厚纸质；小叶9～15，长椭圆状卵形，先端短渐尖，基部圆形，边缘有不整齐的锯齿，叶背主脉上有灰色绒毛。圆锥花序顶生，花黄色。蒴果卵形；种子圆形，黑色。花期：7～9月；果期：8～10月。

分布区域： 产于中国广东、广西、四川、贵州、云南。

生长习性： 喜光，喜温暖湿润气候，深根性，适应性强。耐旱、抗风，抗大气污染，生长快。

栽培管理： 播种繁殖。宜采集种子后即播，或沙藏至翌年春播。

景观应用： 树形高大，秋季果实紫红色至褐色，颇为美观。适合作园景树、行道树。

栾树

Koelreuteria paniculata Laxm.

无患子科Sapindaceae，栾树属*Koelreuteria*

　　形态特征：落叶乔木或灌木；树皮、小枝暗棕色，密生皮孔。叶丛生于当年生枝上，羽状复叶；小叶11～18片，对生或互生，纸质，卵形、阔卵形至卵状披针形。聚伞圆锥花序，花淡黄色，稍芬芳。蒴果圆锥形，具3棱，粉红色至白色。花期：6～7月；果期：9～10月。

　　分布区域：中国大部分地区。世界各地有栽培。

　　生长习性：喜光，稍耐阴，耐寒，耐旱，耐瘠薄。喜生于石灰质土壤，也耐盐碱及短期水涝。深根性，萌蘖力强。对SO_2及烟尘，有较强抗性。

　　栽培管理：播种繁殖。宜采集种子后即播，或沙藏至翌年春播。发芽后要经常抹芽，只留最强壮的一芽培养成主干。

　　景观应用：树冠整齐，枝叶茂密，春叶嫩红，秋叶鲜黄，夏花金黄，秋果橘红似灯笼。果色嫣红盈树，是理想的绿化和庭院观叶观果树种。适于厂矿绿化。

无患子
Sapindus saponaria L.

无患子科Sapindaceae，无患子属*Sapindus*

形态特征：乔木。树皮灰白色；小枝密生皮孔。偶数羽状复叶；小叶8～12，卵状披针形至长椭圆形，长6～13 cm，宽2～4 cm，基部宽楔形，两侧不等齐，全缘。圆锥花序顶生，花小；萼片5枚，花瓣5枚。核果球形，熟时淡黄色，种子球形、黑色。花期：6～7月；果期：9～10月。

分布区域：产中国长江以南各地。中南半岛各国、印度和日本也有分布。

生长习性：喜光，喜温暖湿润气候，稍耐阴，耐寒能力较强，抗风。对土壤要求不严，深根性。不耐水湿，耐旱。萌芽力弱，不耐修剪。生长较快，寿命长。对SO_2抗性较强。

栽培管理：播种繁殖。

景观应用：树冠呈圆伞形，枝叶广展，绿阴效果良好，冬季落叶前，叶色变为金黄色，色彩有季相变化。宜植于庭院及宅旁作风景树及绿阴树，也可作行道树，是优良的绿化和观叶、观果树种。

文冠果

Xanthoceras sorbifolium Bunge

无患子科Sapindaceae，文冠果属*Xanthoceras*

形态特征：落叶灌木或小乔木，高2～5 m；小枝粗壮，褐红色。叶连柄长15～30 cm；小叶4～8对，膜质或纸质，披针形或近卵形，两侧稍不对称，长2.5～6 cm，宽1.2～2 cm，顶端渐尖，基部楔形，边缘有锐利锯齿。花序先叶抽出或与叶同时抽出；花瓣白色，基部紫红色或黄色；花盘的角状附属体橙黄色。蒴果长达6 cm；种子长达1.8 cm，黑色。花期：春季；果期：秋初。

分布区域：中国产北部和东北部，西至宁夏、甘肃，东北至辽宁，北至内蒙古，南至河南。野生于丘陵山坡等处，各地也常栽培。

生长习性：喜阳、耐寒、耐旱、耐瘠薄、耐盐碱。

栽培管理：播种和分株繁殖。播种繁殖，在秋季果熟后采收，取出种子即播，也可用湿砂层积储藏越冬，翌年早春播种。

景观应用：树姿秀丽，花序大，花朵稠密，花期长，可于公园、庭园、绿地孤植或群植。还是防风固沙、小流域治理和荒漠化治理的优良树种。

七叶树

Aesculus chinensis Bunge

七叶树科**Hippocastanaceae**，七叶树属*Aesculus*

形态特征：落叶乔木，高达25 m，树皮深褐色或灰褐色，长方状剥落。掌状复叶对生，由5～7小叶组成，叶柄长10～12 cm；小叶纸质，长圆披针形至长圆倒披针形，基部楔形或阔楔形，边缘有钝尖形的细锯齿，长8～16 cm，宽3～5 cm。顶生圆锥花序，连同长5～10 cm的总花梗在内共长21～25 cm，小花序由5～10朵花组成；花瓣4，白色。蒴果扁球形，黄褐色，具很密的斑点；种子扁球形，栗褐色。花期：4～5月；果期：10月。

分布区域：河北、山西、河南、陕西均有栽培。

生长习性：喜光、喜温暖湿润气候。深根系，耐旱、耐瘠薄。

栽培管理：播种、嫁接、压条繁殖。9月下旬采集种子，宜随采随播种育苗。

景观应用：叶大阴浓，树冠开阔，花美，宜作行道树和庭园树。

梣叶槭

（糖槭、白蜡槭、美国槭、复叶槭、羽叶槭）

Acer negundo L.

槭树科 Aceraceae，槭属 *Acer*

形态特征：落叶乔木，高达 20 m。树皮黄褐色或灰褐色。小枝圆柱形，有白粉，当年生枝绿色，多年生枝黄褐色。奇数羽状复叶，长 10~25 cm；有小叶 3~7 枚；小叶纸质，卵形或椭圆状披针形，先端渐尖，基部钝一形或阔楔形，边缘有 3~5 个粗锯齿，中小叶叶面深绿色，叶背淡绿色，脉腋有丛毛。雄花聚伞状花序，雌花总状花序，黄绿色，雌雄异株。小坚果凸起，近长圆形或长圆卵形。花期：4~5 月；果期：9 月。

分布区域：原分布北美洲。在中国东北和华北各地、辽宁、内蒙古、河北、山东、河南、陕西、甘肃、新疆、江苏、浙江、江西、湖北等地的各主要城市都有栽培。

生长习性：喜光阳性树种，耐寒，耐旱，适应性强。

栽培管理：播种繁殖。

景观应用：树冠广阔，可作行道树或庭园树；对有害气体抗性强，可用于绿化城市或厂矿，也是很好的蜜源植物。

鸡爪槭（七角枫）

Acer palmatum Thunb.

槭树科Aceraceae，槭属*Acer*

形态特征：落叶小乔木；小枝红棕色，幼枝青绿色。叶掌状7～9深裂，裂深常为全叶片的1/3～1/2，基部心形，裂片卵状长圆形或披针形，顶端锐尖或尾尖，边缘有不整齐的重锯齿，嫩叶两面密生柔毛，老叶背面在基部脉腋有簇毛。伞房花序顶生，发叶以后开花；花紫红色。翅果初为紫红色，成熟后棕黄色，两翅开展成钝角。花期：5月；果熟期：9～10月。

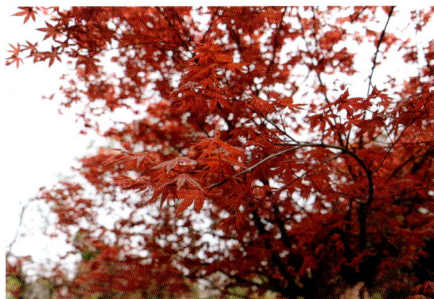

分布区域：产中国华东、华中至西南等地区。日本、朝鲜半岛也有分布。

生长习性：耐半阴，耐旱，耐寒，耐瘠薄。

栽培管理：播种和嫁接法繁殖。秋播或层积至翌年春播。嫁接繁殖多用于优良园艺品种的繁殖，有靠接、枝接及芽接等。

常见的园艺品种有：

'红枫' *Acer palmatum* 'atropurpureum' 叶5～7裂，常年红色或紫红色，枝条也常紫红色。

景观应用：叶形美观，入秋后转为鲜红色，色艳如花，灿烂如霞，为优良的观叶树种。可植于溪边、池畔、路隅、墙垣之旁或丛植于草坪中。

221

元宝槭（平基槭、元宝枫、五角枫）

Acer truncatum **Bunge**

槭树科 Aceraceae，槭属 *Acer*

形态特征： 落叶乔木，高 8～10 m。树皮灰褐色或深褐色，深纵裂。当年生枝绿色，多年生枝灰褐色，具圆形皮孔。叶纸质，长 5～10 cm，宽 8～12 cm，常 5 裂，稀 7 裂，基部截形稀近于心脏形；裂片三角卵形或披针形，先端锐尖或尾状锐尖，边缘全缘，长 3～5 cm，宽 1.5～2 cm，有时中央裂片的上段再 3 裂；裂片间的凹缺锐尖或钝尖。花黄绿色，组成伞房花序，长 5 cm，直径 8 cm；花瓣 5，淡黄色或淡白色，长圆倒卵形。翅果嫩时淡绿色，成熟时淡黄色或淡褐色；小坚果压扁状。花期：4 月；果期：6～8 月。

分布区域： 产江苏、山东、河南、河北、山西、内蒙古、辽宁、吉林、陕西及甘肃等地。

生长习性： 喜光，耐寒，耐旱，耐瘠薄土壤。在酸性、中性、石灰岩上均能生长。

栽培管理： 播种繁殖。播种前使用温水浸种，有利于种子发芽。

景观应用： 树冠伞形，姿态优美，入秋后叶变黄，宜作遮阴树、行道树和风景树。

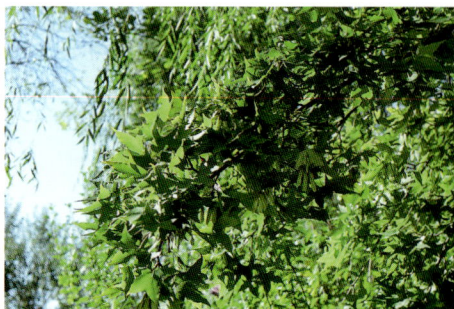

银白槭

Acer saccharinum L.

槭树科Aceraceae，槭属*Acer*

形态特征： 落叶乔木，树干通直，树高15～25 m，最高可达35 m。幼树的枝干，树皮光滑，银灰色。先花后叶，叶掌形，对生，叶片5裂，长8～16 cm，宽6～12 cm，纤细的叶茎长5～12 cm，叶面亮绿色，叶背银白色。秋叶黄；花黄绿色至红色。花密集成簇。每个翅形果实中都包含一个单一的种子，翅果长3～5 cm，种子直径5～10 mm。

分布区域： 原产北美东部。中国在北至辽宁及内蒙古南部，南至云南、广西、广东北部区域内有生长，辽宁北部较多。

生长习性： 喜光，喜温凉气候，耐寒耐干旱，忌水涝。

栽培管理： 种子繁殖。

景观应用： 叶面淡绿色，叶背银白色，随着秋意渐深，叶色由黄色变为橙红色，后变红色。花黄绿色。是极佳的园林观赏树。宜种植在开阔地域，也可作行道树、园林观赏树。

茶条枫（华北茶条槭、茶条槭）

Acer tataricum subsp. *ginnala* (Maximowicz) Wesmael

槭树科 Aceraceae，槭属 *Acer*

形态特征：落叶灌木或小乔木，高 5～6 m。叶纸质，卵状椭圆形，长 6～10 cm，宽 4～6 cm，较深的 3～5 裂，中裂片较大，基部圆形或近心形，缘有不整齐重锯齿；叶柄长 4～5 cm，细瘦，绿色或紫绿色。伞房花序圆锥状，顶生。果核两面突起，果翅张开成锐角或近于平行，紫红色。花期：5～6 月；果期：9～10 月。

分布区域：产中国河南、河北、山西、内蒙古、陕西、甘肃、辽宁、吉林、黑龙江。蒙古、俄罗斯西伯利亚东部、朝鲜和日本也有分布。

生长习性：喜光，耐寒，耐旱，耐瘠薄土壤。在酸性、中性、石灰岩上均能生长。

栽培管理：播种繁殖。播种前使用温水浸种，有利于种子发芽。

景观应用：茶条枫株丛自然，叶形美丽，花朵黄绿色，幼果粉紫色，秋叶红艳，是北方良好的庭园观赏树种，孤植、列植、丛植、群植均可。较为耐阴，可散植于疏林下。也可修剪成绿篱，或整形树供庭院点缀。

黄栌

Cotinus coggygria Scop.

漆树科Anacardiaceae，黄栌属*Cotinus*

　　形态特征：落叶小乔木或灌木，树冠圆形，高可达3～8m，木质部黄色，树汁有异味；单叶互生，叶片全缘或具齿。圆锥花序疏松、顶生、杂性、少数发育；不育花的花梗被羽状长柔毛；苞片披针形；花萼5裂，宿存，裂片披针形；花瓣5枚，长卵圆形或卵状披针形。核果肾形扁平，绿色；种子肾形。花期：5～6月；果期：7～8月。

　　分布区域：原产于中国西南、华北地区和浙江。南欧、叙利亚、伊朗、巴基斯坦及印度北部也有分布。

　　生长习性：喜光，耐半阴，耐寒，耐干旱、瘠薄，忌水湿，对SO_2有较强抗性。

　　栽培管理：播种、分株或根插繁殖。

　　景观应用：树姿优美，深秋叶片色彩鲜艳，宜在公园、半山坡上、山地风景区内片植成林，也可与其他红或黄叶树种混交成林；还可在城市街头、居住区绿地及庭园中，孤植或丛植于草坪一隅、山石之侧、常绿树的树丛前。

黄连木

Pistacia chinensis Bunge

漆树科 Anacardiaceae，黄连木属 *Pistacia*

形态特征：落叶乔木，高达20 m；树干扭曲. 树皮暗褐色，呈鳞片状剥落，幼枝灰棕色，具细小皮孔。奇数羽状复叶互生，有小叶5～6对，叶轴具条纹，被微柔毛；小叶对生或近对生，纸质，披针形或卵状披针形或线状披针形，长5～10 cm，宽1.5～2.5 cm，先端渐尖或长渐尖，基部偏斜，全缘。花单性异株，先花后叶，圆锥花序腋生。核果倒卵状球形，成熟时紫红色。花期：3～4月；果期：9～11月。

分布区域：产长江以南各地及华北、西北地区。

生长习性：喜光，耐干旱瘠薄土壤，对SO_2和烟尘抗性强。

栽培管理：播种繁殖。将采收果实放入35～45℃的草木灰温水中浸泡2～3天，搓烂果肉，除去蜡质，用清水冲洗种子，阴干后贮藏。也可随采随播。

景观应用：枝繁叶茂，花序紫红，秋叶鲜红或橙黄，宜作庭荫树及山地风景树种。

盐肤木
Rhus chinensis Mill.

漆树科Anacardiaceae，盐肤木属*Rhus*

　　形态特征：落叶小乔木或灌木，高2～10m。奇数羽状复叶，有小叶3～6对，叶轴具宽的叶状翅，小叶自下而上逐渐增大，叶轴和叶柄密被锈色柔毛；小叶多形，卵形或椭圆状卵形或长圆形，长6～12cm，宽3～7cm，先端急尖，基部圆形，顶生小叶基部楔形，边缘具粗锯齿或圆齿，叶面暗绿色，叶背粉绿色，被白粉。圆锥花序宽大，多分枝，雄花序长30～40cm，雌花序较短，密被锈色柔毛。核果球形，成熟时红色。花期：8～9月；果期：10月。

　　分布区域：中国除东北、内蒙古和新疆外，其余地区均有。印度、中南半岛、马来西亚、印度尼西亚、日本和朝鲜也有分布。

　　生长习性：喜光，喜温暖气候，耐旱，耐寒、耐瘠薄。深根系，萌蘖性强。

　　栽培管理：播种繁殖。播种前先用温水浸泡24h，有利于发芽。

　　景观应用：花小黄白色，核果橙红色，嫩叶红色，在园林绿化中，可作为观叶、观果的树种。根系发达，为优良的固土护坡植物。常用于公路边坡植被恢复。

火炬树

Rhus typhina Nutt

漆树科 Anacardiaceae，盐肤木属 *Rhus*

　　形态特征：落叶灌木或小乔木，高 4～8 m。小枝密生灰色茸毛。奇数羽状复叶，小叶 19～23，长椭圆状至披针形，长 5～13 cm，缘有锯齿，先端长渐尖，基部圆形或宽楔形。圆锥花序顶生、密生茸毛，花淡绿色，雌花花柱有红色刺毛。核果扁球形，深红色，密生绒毛，紧密聚生成火炬状。花期：6～7月；果期：9～10月。

　　分布区域：中国黄河流域以北各地区有栽培。原产北美。

　　生长习性：喜光，耐旱、耐寒、耐瘠薄土壤，也耐盐碱。根系发达，萌蘖性强。

　　栽培管理：播种、根插或分株繁殖。

　　景观应用：秋后树叶变红，十分壮观。是具有良好的护坡、固堤、固沙功能的水土保持和薪炭林树种。主要用于荒山绿化兼作盐碱荒地风景林树种。但应用时，需评估其潜在危害。

胡桃（核桃）

Juglans regia L.

胡桃科Juglandaceae，胡桃属*Juglans*

形态特征：乔木，高达20 m；树冠广阔；树皮纵向浅裂。奇数羽状复叶长25～30 cm，叶柄及叶轴幼时被有极短腺毛及腺体；小叶5～9枚，椭圆状卵形至长椭圆形，长约6～15 cm，宽约3～6 cm，顶端钝圆或急尖、短渐尖，基部歪斜、近于圆形，边缘全缘或在幼树上者具稀疏细锯齿。雄性柔荑花序下垂，长约5～10 cm。雌性穗状花序通具1～3雌花。果实近球状；果核稍具皱曲，有2条纵棱，顶端具短尖头。花期：5月；果期：10月。

分布区域：产于中国华北、西北、西南、华中、华南和华东地区。中亚、西亚、南亚和欧洲也有分布。

生长习性：喜光，耐寒，抗旱、抗病能力强，适应多种土壤生长。喜肥沃湿润的砂质壤土。

栽培管理：播种或嫁接繁殖。

景观应用：叶大阴浓，且有清香，宜用作庭荫树及行道树。

沙梾

Cornus bretschneideri L. Henry

山茱萸科Cornaceae，山茱萸属*Cornus*

　　形态特征：灌木或小乔木，高1～6 m；树皮紫红色。叶对生，纸质，卵形、椭圆状卵形或长圆形，长5～8.5 cm，宽2.5～6 cm，先端突尖或短渐尖，基部阔楔形或圆形；叶柄被短柔毛。伞房状聚伞花序顶生，宽4.5～6 cm，被有贴生灰白色短柔毛；总花梗被短柔毛，后即秃净；花白色。核果蓝黑色至黑色，近球形；核骨质，卵状扁圆球形。花期：6～7月；果期：8～9月。

　　分布区域：产于中国辽宁、内蒙古、河北、山西、陕西、宁夏、甘肃、青海、河南、湖北及四川。

　　生长习性：喜温暖湿润气候，耐寒，耐旱，耐瘠薄。

　　栽培管理：种子繁殖。

　　景观应用：树干挺拔，枝叶茂密，花洁白亮丽，是优良的园林绿化树种。宜作行道树。

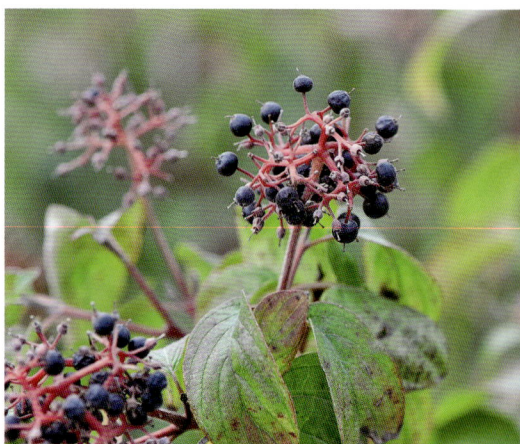

杜鹃花（映山红）

Rhododendron simsii Planch.

杜鹃花科Ericaceae，杜鹃属*Rhododendron*

形态特征：半常绿灌木，高达4～5 m，多分支，小枝、叶柄、花梗、花萼、子房和蒴果均密被平贴、红褐色或灰褐色绢质糙伏毛。叶薄革质，春发叶椭圆形至长椭圆形，顶端尖，基部楔形，两面被毛。伞形花序顶生，有花2～6朵，花冠阔漏斗形，猩红色，裂片5。蒴果卵圆形。花期：2～4月；果期：7～9月。

分布区域：产于广东、广西、江西、安徽、浙江、江苏、福建、台湾、湖南、湖北、四川、贵州和云南。

生长习性：喜温暖湿润的气候，较耐寒，喜半阴的环境。

栽培管理：扦插繁殖为主。扦插基质由高山腐殖土、黄心土、蛭石等混合组成，扦插深度以穗长的1/3～1/2为宜，扦插完成后要喷透水，加盖薄膜保湿，遮阴。

景观应用：为优良的观花灌木，可布置于花坛、花境，或植于庭院墙边。

锦绣杜鹃

Rhododendron × *pulchrum* Sweet

杜鹃花科 Ericaceae，杜鹃属 *Rhododendron*

形态特征：半常绿灌木，高 1.5～2.5 m。叶薄革质，椭圆状长圆形至椭圆状披针形或长圆状倒披针形，长 2～5 cm，宽 1～2.5 cm，先端钝尖，基部楔形，边缘反卷，全缘；叶柄密被棕褐色糙伏毛。伞形花序顶生，有花 1～5 朵；花冠玫瑰紫色，阔漏斗形，裂片 5，具深红色斑点。蒴果长圆状卵球形。花期：4～5 月；果期：9～10 月。

分布区域：产江苏、浙江、江西、福建、湖北、湖南、广东和广西。

生长习性：喜温暖、半阴、凉爽、湿润、通风的环境；怕烈日、高温；喜疏松、肥沃、富含腐殖质的偏酸性土壤。

栽培管理：扦插、压条或播种繁殖。

景观应用：成片栽植，开花时浪漫似锦，万紫千红，可增添园林的自然景观效果。也可在岩石旁、池畔、草坪边缘丛栽，增添庭园气氛。盆栽摆放宾馆、居室和公共场所，绚丽夺目。

柿

Diospyros kaki Thunb.

柿科Ebenaceae，柿属*Diospyros*

形态特征：落叶乔木，高达10 m；树皮鳞片状开裂。叶互生，卵状椭圆形、阔椭圆形或倒卵形，长7～15 cm，宽4.5～8 cm，先端渐尖或急尖，基部楔形、阔楔形或近圆形，侧脉5～7对。雄花3朵组成聚伞花序，花冠坛状；雌花单生叶腋，花冠壶形或近钟形。果卵球形或扁球形，熟时橙黄色或深橙红色。花期：4～6月；果期：7～11月。

分布区域：中国南北各地均有分布或栽培。日本、印度、欧洲等地也有引种。

生长习性：喜光。适应性广，对土壤要求不严，各种土壤均适宜栽植。

栽培管理：播种或嫁接繁殖。

景观应用：叶大阴浓，秋末冬初，霜叶染成红色，落叶后，柿实殷红不落，一树满挂累累红果，增添优美景色，是优良的风景树。可栽于庭园作园景树、绿阴树。

东方紫金牛

Ardisia elliptica Thunberg

紫金牛科 Myrsinaceae，紫金牛属 *Ardisia*

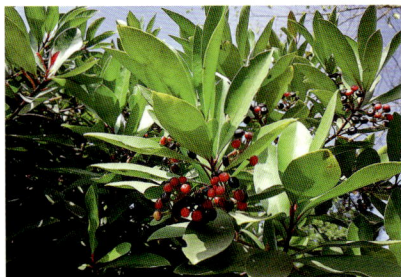

形态特征：灌木，高达 2 m；叶厚，倒披针形或倒卵形，顶端钝和有时短渐尖，基部楔形，长 6～12 cm，宽 3～5 cm，全缘；花序具梗，亚伞形花序或复伞房花序，近顶生或腋生于特殊花枝的叶状苞片上，花枝基部膨大或具关节；花粉红色至白色；花瓣广卵形；果红色至紫黑色，具极多的小腺点。花期：夏季；果期秋季。

分布区域：产中国台湾（台东火烧岛、台北有栽培）。琉球群岛有栽培，马来西亚至菲律宾亦有分布。

生长习性：生性强健，耐风耐阴，耐瘠薄。对土壤要求不严，但以砂质土壤为宜。

栽培管理：播种繁殖。

景观应用：东方紫金牛株形优美，花淡雅芳香，果实鲜红美丽，适应用于绿篱，修剪造形，庭园美化或盆栽。

矮紫金牛

Ardisia humilis Vahl

紫金牛科Myrsinaceae，紫金牛属*Ardisia*

形态特征：灌木，高1～2 m，有时达3 m；茎粗壮，有皱纹。叶片革质，倒卵形或椭圆状倒卵形，稀倒披针形，顶端广急尖至钝，基部楔形，长15～18 cm，宽5～7 cm，有时长达28 cm，宽12 cm，全缘，叶背密布小窝点。由多数亚伞形花序或伞房花序组成的金字塔形的圆锥花序，长8～17 cm，萼片广卵形，顶端急尖，基部近耳形，具腺点，全缘；花瓣粉红色或红紫色，广卵形或卵形，顶端急尖。果球形，暗红色至紫黑色，具腺点。花期：3～4月；果期：11～12月。

分布区域：产于中国广东（徐闻）、海南。东南亚、印度和美洲热带也有分布。

生长习性：耐干旱。耐阴、喜湿润、萌生力强、耐修剪。

栽培管理：播种或扦插繁殖。

景观应用：花红鲜美，花期长，果实艳丽，具有很高的观赏性，是优良的观花、观叶、观果植物。可丛植、群植作庭院景观；可作绿篱，在密林或浓阴下配置，起到隔离、装饰、强调、烘托的作用。

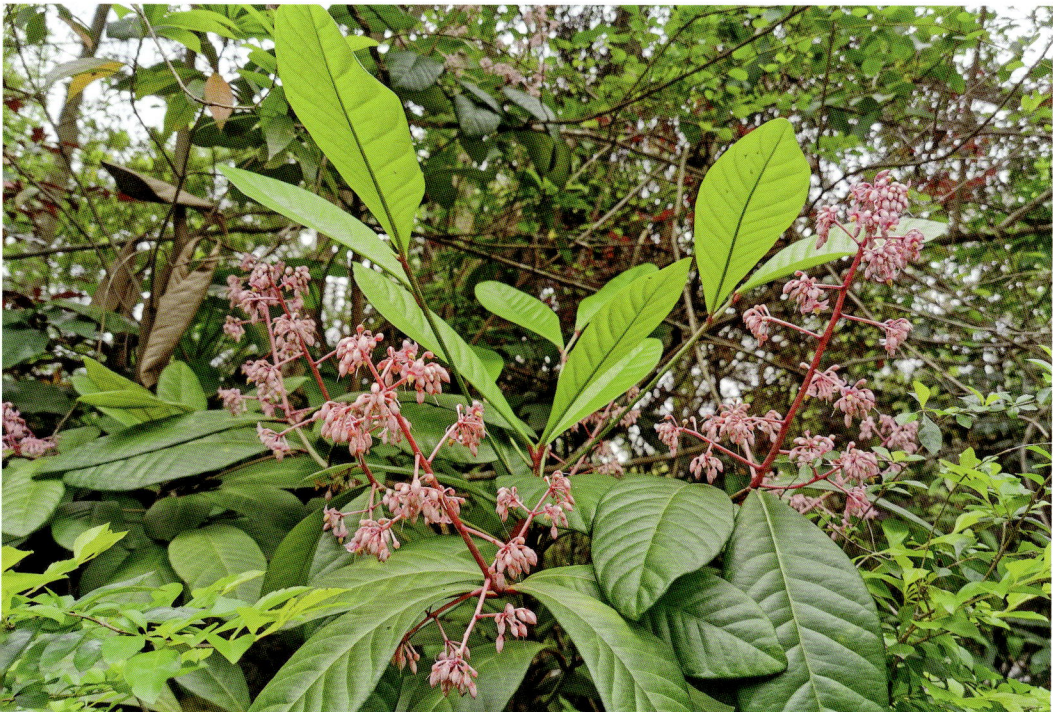

铜盆花（钝叶紫金牛）

Ardisia obtusa Mez

紫金牛科Myrsinaceae，紫金牛属*Ardisia*

形态特征： 灌木，高1～6m；小枝有棱。叶片坚纸质或略厚，倒披针形或倒卵形，顶端广急尖、钝或圆形，基部楔形，全缘，有时叶背具极细的疏鳞片。由复伞房花序或亚伞形花序组成的圆锥花序，顶生，长约6.5cm，花序中常有退化的叶或叶状苞片；花萼仅基部连合，萼片三角状卵形至长圆状卵形，顶端急尖；花瓣淡紫色或粉红色，卵形，顶端急尖。果球形，黑色。花期：2～4月；果期：4～7月。

分布区域： 产于中国广东南部，海南等地。越南也有分布。

生长习性： 喜光，喜温暖潮湿气候，耐阴，耐干旱，耐低温。

栽培管理： 播种繁殖。播种时间选择在春季和秋季，采用田间苗床播种育苗或营养袋播种育苗。

景观应用： 树形优美、花色艳丽，春可观花，夏可观果，是花果俱佳的耐阴观赏树种。片植、丛植于庭前、角隅、假山旁、草坪等处，可起隔离、装饰、强调、烘托的作用。在园林应用中，可用于道路绿化、桥下绿化、庭院绿化、公园与风景区绿化。

酸藤子

Embelia laeta (L.) Mez

紫金牛科Myrsinaceae，酸藤子属*Embelia*

形态特征：攀缘灌木或藤本，长1～3m；老枝具皮孔。叶片坚纸质，倒卵形或长圆状倒卵形，顶端圆形、钝或微凹，基部楔形，长3～4cm，宽1～1.5cm，稀长达7cm，宽2.5cm，全缘，叶背被薄白粉。总状花序，腋生或侧生，有花3～8朵，基部具1～2轮苞片；花4数，萼片卵形或三角形，顶端急尖，具腺点；花瓣白色或带黄色，分离，卵形或长圆形，顶端圆形或钝，开花时强烈展开。果球形。花期：12月至翌年3月；果期：4～6月。

分布区域：产云南、广西、广东、江西、福建、台湾。越南、老挝、泰国、柬埔寨也有分布。

生长习性：喜温暖、湿润环境，耐干旱，适应性强。

栽培管理：播种或扦插繁殖。

景观应用：枝叶常青，入秋后果色鲜红艳丽，能在郁密的林下生长，是优良的地被植物，也可作盆栽观赏。有清热解毒、散瘀止血的功效。

灰莉

Fagraea ceilanica Thunb.

马钱科Loganiaceae，灰莉属*Fagraea*

　　形态特征： 灌木或小乔木。树皮灰色，小枝粗厚，圆柱形。叶椭圆形或倒卵形，顶端渐尖或急尖，基部楔形，革质，全缘。二歧聚伞花序顶生，侧生小聚伞花序由3～9朵花组成；花白色，花冠裂片上部内侧具突起花纹。浆果卵形或近球形，直径2～4cm，顶端具短喙。花期：5月；果期：10月。

　　分布区域： 产于中国广东、海南、广西、台湾、云南。印度、马来西亚也有分布。

　　生长习性： 喜光，耐阴，耐旱，耐寒。对土壤要求不严，适应性强。

　　栽培管理： 播种或扦插繁殖。若扦插繁殖，于春季进行。

　　景观应用： 灰莉花大，芳香，终年青翠碧绿，长势良好，枝繁叶茂，树形优美，叶色浓绿有光泽，是优良的庭园、室内观叶植物。抗污染能力强，适合于道路隔离带、交通主干道、林带以及景观节点等地的绿化。

流苏（流苏树）

Chionanthus retusus Lindl.et Paxt

木犀科Oleaceae，流苏树属*Chionanthus*

　　形态特征：落叶灌木或乔木，高可达20 m。叶革质或薄革质，长圆形、椭圆形或圆形、稀卵形，长3～12 cm，全缘或具小锯齿。圆锥状聚伞花序顶生，长3～12 cm，花长1～2.5 cm，雌雄异株或为两性花，花冠白色，4深裂，裂片线状倒披针形。果椭圆形，被白粉，长1～1.5 cm，呈蓝黑色或黑色。花期：3～6月；果期：6～11月。

　　分布区域：产于中国广东、福建、台湾、四川、云南、河南、河北、陕西、山西、甘肃。朝鲜、日本也有分布。

　　生长习性：喜温暖气候，喜光，喜中性及微酸性土壤；耐阴，耐寒，耐干旱瘠薄，不耐水涝。

　　栽培管理：播种、扦插或嫁接法繁殖。扦插宜在夏季进行；嫁接以白蜡或女贞为砧木；移植于春、秋季进行。

　　景观应用：枝繁叶茂，花期如雪压树，且花形纤细，秀丽可爱，是优美的园林观赏树种，不论点缀、群植均具很好的观赏效果。

雪柳

Fontanesia phillyreoides subsp. *fortunei* (Carriere) Yaltirik

木犀科Oleaceae，雪柳属*Fontanesia*

形态特征：落叶灌木或小乔木，高达8 m；树皮灰褐色。枝灰白色，圆柱形，小枝淡黄色或淡绿色，四棱形或具棱角。叶片纸质，披针形、卵状披针形或狭卵形，长3～12 cm，宽0.8～2.6 cm，先端锐尖至渐尖，基部楔形，全缘。圆锥花序顶生或腋生；花两性或杂性同株；苞片锥形或披针形；花萼微小，裂片卵形，膜质；花冠深裂至近基部，裂片卵状披针形，长2～3 mm，宽0.5～1 mm，先端钝，基部合生。果黄棕色，倒卵形至倒卵状椭圆形。花期：4～6月；果期：6～10月。

分布区域：产于中国河北、陕西、山东、江苏、安徽、浙江、河南及湖北东部。

生长习性：喜光，耐寒、耐旱、耐瘠薄，适应性强。

栽培管理：扦插、分株和播种繁殖。

景观应用：叶形似柳，花开犹如覆雪，散发出芳香；秋季黄棕色的果实挂满枝头；宜丛植于池畔、坡地、路旁、崖边、树丛边缘或孤植于庭院之中，可作为城市园林绿化的行道树，可栽培作绿篱。还可用于工矿企业的绿化或四旁绿化，以净化空气、减轻大气污染。

连翘
Forsythia suspensa (Thunb.)Vahl

木犀科Oleaceae，连翘属*Forsythia*

形态特征： 落叶灌木。叶为单叶，或3裂至三出复叶，叶片卵形、宽卵形或椭圆状卵形至椭圆形，长2～10 cm，宽1.5～5 cm，先端锐尖，基部圆形、宽楔形至楔形，叶缘除基部外具锐锯齿或粗锯齿。花单生或2至数朵着生于叶腋，先于叶开放；花冠黄色，裂片倒卵状长圆形或长圆形，长1.2～2 cm，宽6～10 mm。果卵球形、卵状椭圆形或长椭圆形。花期：3～4月；果期：7～9月。

分布区域： 产于中国河北、山西、陕西、山东、安徽西部、河南、湖北、四川。中国除华南地区外，其他各地均有栽培。日本也有栽培。

生长习性： 喜光，耐寒，耐旱，忌水涝。喜温暖干燥和光照充足的环境，在排水良好、富含腐殖质的砂壤土上生长良好。

栽培管理： 可扦插、播种或分株繁殖。主要以扦插为主。

景观应用： 早春先叶开花，满枝金黄，艳丽可爱，是早春优良观花灌木。适宜于宅旁、亭阶、墙隅、篱下与路边配置，也宜于溪边、池畔、岩石、假山下栽种。因根系发达，可作花篱或护堤树栽植。

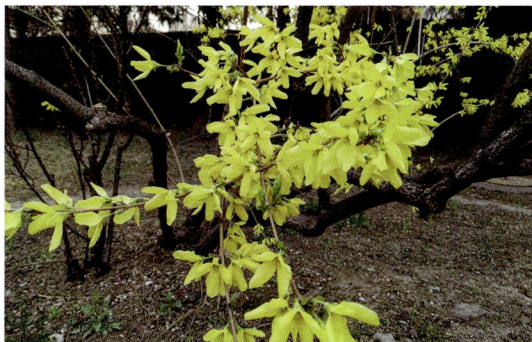

白蜡树

Fraxinus chinensis Roxb.

木犀科 Oleaceae，梣属 *Fraxinus*

形态特征：落叶乔木，高 10～12 m；树干通直，树冠圆满，小枝丰富，细长，当年生幼枝浅绿色，皮孔长而多，白色，稍突起。每枚复叶有小叶 5 枚，叶狭椭圆形，长 5～7 cm，宽 3～4 cm，小叶基部全缘叶尖有浅锯齿，叶面光滑，叶背脉处有白毛。花期：4～5 月；果期：7～9 月。

分布区域：产中国南北各地。多为栽培。越南、朝鲜也有分布。

生长习性：性喜光，稍耐阴，喜温暖湿润气候，较耐寒，喜湿耐涝，抗盐碱，耐旱性较强，抗烟尘和有害气体性较强。

栽培管理：常用播种和扦插繁殖。

景观应用：植株萌发力强，树干通直，生长迅速，常用作行道树、庭院绿化树种。

水曲柳

Fraxinus mandshurica Rupr.

木犀科Oleaceae，梣属*Fraxinus*

形态特征：落叶大乔木，高达30 m，胸径达2 m；树皮厚，灰褐色，纵裂。小枝黄褐色至灰褐色，四棱形，节膨大，散生圆形凸起的小皮孔。羽状复叶长25～35 cm；小叶着生处具关节，簇生黄褐色曲柔毛；小叶纸质，长圆形至卵状长圆形，叶缘具细锯齿。圆锥花序生于枝上；花序梗与分枝具窄翅状锐棱；雄花与两性花异株。翅果大而扁，长圆形至倒卵状披针形。花期：4月；果期：8～9月。

分布区域：分布于中国东北、西北部分地区。俄罗斯东部，日本北部及朝鲜也有分布。

生长习性：喜光，喜湿润，耐寒，耐水湿，较耐盐碱，抗风力强，适应性强，在湿润、肥沃、土层深厚的土壤上生长旺盛。

栽培管理：播种繁殖。

景观应用：树干端直、树形圆阔，适应性强，是优良的绿化和观赏树种。可与多种针阔叶树种组成混交林，形成复合结构的森林生态系统，提高林分涵养水源、保持水土的能力。

扭肚藤

Jasminum elongatum (Bergius) Willdenow

木犀科 Oleaceae，素馨属 *Jasminum*

　　形态特征：攀缘灌木，高 1～7 m。小枝圆柱形，疏被短柔毛至密被黄褐色绒毛。叶对生，单叶，叶片纸质，卵形、狭卵形或卵状披针形，长 3～11 cm，宽 2～5.5 cm，先端短尖或锐尖，基部圆形、截形或微心形。聚伞花序密集，顶生或腋生，着生于侧枝顶端，有花多朵；花微香；花萼密被柔毛，裂片 6～8 枚，锥形；花冠白色，高脚碟状。果长圆形或卵圆形。花期：4～12月；果期：8月至翌年3月。

　　分布区域：产于中国广东、海南、广西、云南。越南、缅甸至喜马拉雅山一带也有分布。

　　生长习性：喜温暖向阳，适生空气湿润、土壤肥沃、排水良好的环境。

　　栽培管理：扦插或种子繁殖。

　　景观应用：花开洁白大方，花香令人心旷神怡，为优良的庭园观赏花卉，适于庭院筑架栽培。可植于溪边、池畔、路隅、墙垣之旁或丛植于草坪中。

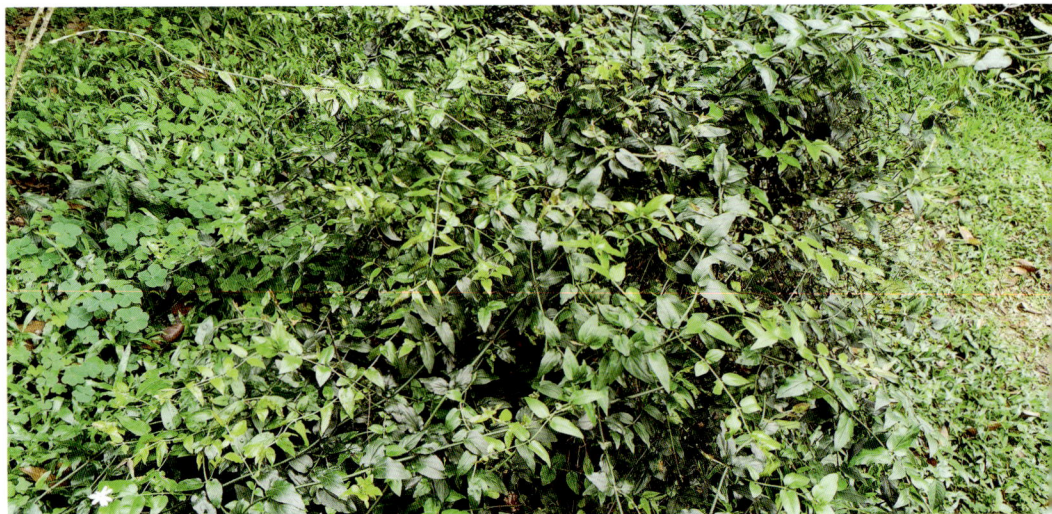

迎春花

Jasminum nudiflorum Lindl.

木犀科Oleaceae，素馨属*Jasminum*

形态特征：落叶攀缘状灌木，高0.3～5 m，枝条下垂，枝绿色四棱形。叶对生，三出复叶，小枝基部具单叶，小叶片卵形、长卵形或椭圆形，先端锐尖，基部楔形，叶缘反卷；顶生小叶片较大，长1～3 cm，宽0.3～1.1 cm，侧生小叶片长0.6～2.3 cm，宽0.2～1.1 cm。花单生叶腋，苞叶小叶状，披针形、卵形或椭圆形；花萼绿色，裂片5～6枚；花冠黄色，径2～2.5 cm。花期：3～4月。

分布区域：产中国云南、四川、西藏、陕西、甘肃等地。现世界各地均引种栽培。

生长习性：耐干旱，耐盐碱，较耐寒。

栽培管理：用扦插、分株或压条法繁殖。

景观应用：金黄色花群，典雅风趣，在园林绿化中宜配置在湖边、溪畔、桥头、墙隅，或在草坪、林缘、坡地，房屋周围也可栽植，可作花篱，供早春观花。可用于碎落台、互通立交区、服务区绿化。

茉莉花

Jasminum sambac (L.) Aiton

木犀科Oleaceae ，素馨属*Jasminum*

　　形态特征：直立或攀缘灌木，高达3 m。小枝圆柱形或稍压扁状，有时中空，疏被柔毛。叶对生，单叶，叶片纸质，圆形、椭圆形、卵状椭圆形或倒卵形，长4～12.5 cm，宽2～7.5 cm，两端圆或钝，基部有时微心形。聚伞花序顶生，花3朵，有时单花或多达5朵；花序梗长1～4.5 cm，被短柔毛；苞片微小，锥形；花芳香；花冠白色，花冠管长0.7～1.5 cm，裂片长圆形至近圆形，先端圆或钝。果球形，径约1 cm，呈紫黑色。花期：5～8月，果期：7～9月。

　　分布区域：原产印度，中国南方和世界各地广泛栽培。

　　生长习性：喜温暖湿润气候，怕积水，喜透气，在通风良好、半阴的环境生长最好。土壤以含有大量腐殖质的微酸性砂质土壤为最适合。

　　栽培管理：扦插或压条繁殖。茉莉喜肥，开花期勤施含磷较多的液肥，每2～3天施一次，用腐熟好的豆饼和鱼腥水肥液，或用（NH_4)$_2SO_4$、过磷酸钙；喜酸性土，可每周浇一次1：10的矾肥水。

　　景观应用：茉莉花叶色翠绿，花色洁白，芬芳扑鼻，为常见庭园及盆栽观赏芳香花卉，还可加工成花环等装饰品。可用于互通立交区、服务区景观绿化。

女贞

Ligustrum lucidum Ait.

木犀科Oleaceae，女贞属*Ligustrum*

　　形态特征：灌木或乔木，株高25 m，树皮灰色。叶对生，革质，卵形或卵状椭圆形，长6～17 cm，宽3～8 cm，全缘，叶面深绿有光泽，叶背淡绿色。圆锥花序顶生，小花密集，花白色、芳香。浆果状核果，蓝黑色间有赤色。花期：5～7月；果期：7月至翌年5月。

　　分布区域：产于中国长江以南至华南、西南各地，向西北分布至陕西、甘肃。朝鲜也有分布，印度、尼泊尔有栽培。

　　生长习性：喜光，喜高温，不耐阴，耐旱，耐寒，抗大气污染。

　　栽培管理：播种或扦插繁殖，种子采后即播。栽培土质以砂质壤土为佳，排水、日照需良好。施肥用有机肥或氮、磷、钾肥。

　　景观应用：枝叶茂密，树形整齐，浓阴如盖，终年常绿，苍翠可爱，是北方难得的常绿阔叶观赏树种，可孤植或丛植，作行道树。

小叶女贞
Ligustrum quihoui Carr.

木犀科Oleaceae，女贞属*Ligustrum*

形态特征：落叶灌木，高1～3 m。小枝淡棕色，圆柱形，密被微柔毛，后脱落。叶片薄革质，形状和大小变异较大，披针形、长圆状椭圆形、椭圆形、倒卵状长圆形至倒披针形或倒卵形，长1～4 cm，宽0.5～2 cm，先端锐尖、钝或微凹，基部狭楔形至楔形，叶缘反卷，叶面深绿色，叶背淡绿色，具腺点。圆锥花序顶生，近圆柱形，长4～15 cm，宽2～4 cm。果倒卵形、宽椭圆形或近球形，紫黑色。花期：5～7月；果期：8～11月。

分布区域：产陕西、山东、江苏、安徽、浙江、江西、河南、湖北、四川、贵州、云南、西藏。

生长习性：喜光，稍耐阴，较耐寒；对SO_2、Cl_2有较好的抗性。性强健，耐修剪，萌发力强。

栽培管理：播种、扦插或分株繁殖。

景观应用：枝叶紧密、圆整，庭院中常栽植观赏，为园林绿化中重要的绿篱材料，在园林中可修剪成不同的造型。也是制作盆景的优良树种。

小蜡

Ligustrum sinense Lour.

木犀科Oleaceae，女贞属*Ligustrum*

形态特征：灌木或小乔木。小枝圆柱形，幼时密被淡黄色短柔毛，老时近无毛。叶薄革质、卵形、椭圆形或卵状披针形，先端锐尖或钝，基部宽楔形或近圆形，幼时两面被短柔毛。圆锥花序由当年生枝条的叶腋及枝顶抽出，序轴密被淡黄色柔毛。花白色，芳香，具梗，花萼钟状。核果球形。花期：5～6月；果期：7～9月。

分布区域：产于中国江苏、浙江、安徽、江西、福建、台湾、湖北、湖南、广东、广西、贵州、四川、云南，西安有栽培。越南、马来西亚也栽培。

生长习性：喜温暖湿润气候，生长适温15～28℃；有一定的抗寒能力，喜光，也耐阴，忌积水，对土壤湿度较敏感，对土壤的要求不太严，一般以土层深厚、疏松肥沃、排水良好的微酸性砂质壤土最为适宜。

栽培管理：播种、扦插法或高压法繁殖，春、秋季为适期。栽培土质以富含有机质的砂质壤土为佳，需排水良好。

景观应用：树冠整洁，自然分枝茂密，可造型修剪，是庭园美化的优良树种，亦适合作绿篱。

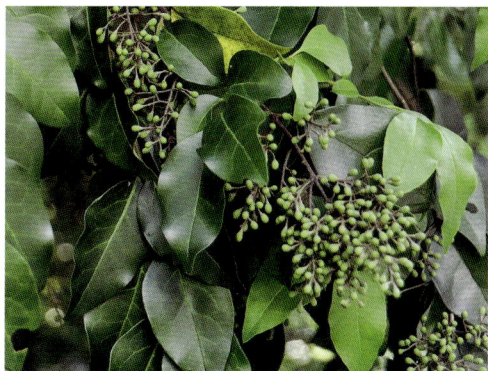

桂花（木犀）

Osmanthus fragrans (Thunb.) Lour.

木犀科 Oleaceae，木犀属 *Osmanthus*

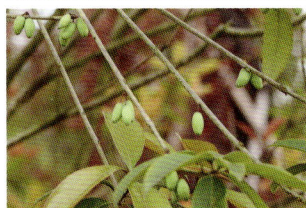

形态特征：常绿乔木或灌木，高 3～5 m，最高可达 18 m；树皮灰褐色。小枝黄褐色。叶片革质，椭圆形、长椭圆形或椭圆状披针形，长 7～14.5 cm，宽 2.6～4.5 cm，先端渐尖，基部渐狭呈楔形或宽楔形，全缘或通常上半部具细锯齿。聚伞花序簇生于叶腋，或近于帚状，每腋内有花多朵；苞片宽卵形，质厚，具小尖头；花极芳香；花冠黄白色、淡黄色、黄色或橘红色。果歪斜，椭圆形，呈紫黑色。花期：9～10月上旬；果期：翌年3月。

分布区域：原产中国西南部。现各地广泛栽培。

生长习性：喜光，幼苗期需庇荫；喜温暖和通风良好的环境，喜生于土层深厚、排水良好、富含腐殖质的偏酸性砂壤土，耐寒，忌碱性土和积水。

栽培管理：播种、压条、嫁接、扦插等方法繁殖。

景观应用：树干端直，树冠圆整，四季常青，花期正值仲秋，香飘数里，适合庭园栽植，作绿篱或大型盆栽，是受广泛喜爱的香花植物。

花叶丁香

Syringa × persica L.

木犀科Oleaceae，丁香属*Syringa*

　　形态特征：灌木，高1～3 m。枝灰棕色，具皮孔。叶片披针形或卵状披针形，长1.5～6 cm，宽0.8～2 cm，先端渐尖或锐尖，基部楔形，全缘。花序由侧芽抽生，多对排列在枝条上部呈顶生圆锥花序状；花序轴具皮孔；花冠淡紫色，花冠裂片呈直角开展，宽卵形、卵形或椭圆形，兜状，先端尖或钝。花期：5月。

　　分布区域：中国北方地区有栽培。产于中亚、西亚、地中海地区至欧洲，伊朗和印度也有分布。

　　生长习性：性喜光，喜湿润。但也耐寒、耐旱、稍耐阴，忌积水。

　　栽培管理：播种或采用春季枝接和半硬枝扦插的方法进行繁殖。

　　景观应用：花叶丁香花朵繁多，色彩鲜艳，芳香迷人，为庭园观赏树种，宜孤植、片植于公园、庭院。

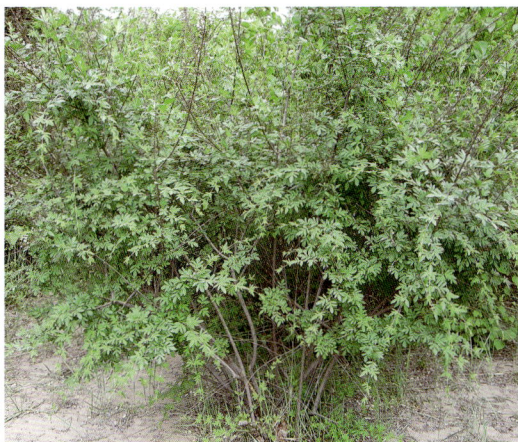

紫丁香（白丁香、毛紫丁香）

Syringa oblata Lindle.

木犀科 Oleaceae，丁香属 *Syringa*

形态特征： 灌木或小乔木，高可达 5 m；树皮灰褐色或灰色。小枝疏生皮孔。叶片革质或厚纸质，卵圆形至肾形，长 2~14 cm，宽 2~15 cm，先端短凸尖至长渐尖或锐尖，基部心形、截形至近圆形，或宽楔形。圆锥花序直立，由侧芽抽生，近球形或长圆形，长 4~16 cm，宽 3~7 cm；花冠紫色，长 1.1~2 cm，花冠管圆柱形，长 0.8~1.7 cm，；裂片呈直角开展，卵圆形、椭圆形至倒卵圆形。果倒卵状椭圆形、卵形至长椭圆形。花期：4~5 月；果期：9~10 月。

分布区域： 产于中国东北、华北、西北（除新疆）至西南达四川。长江以北各庭园普遍栽培。

生长习性： 喜阳，稍耐阴，较耐寒；对土壤的酸碱度要求不严，但以在排水良好、肥沃而湿润的砂壤土中生长良好。

栽培管理： 播种、扦插或嫁接繁殖。春季播种，扦插容易成活，春季用 1 年生休眠枝或雨季选半木质化的绿枝作插穗。

景观应用： 春季硕大而艳丽的花序布满全株，芳香四溢，观赏效果甚佳，为庭园观赏著名花木。

白丁香

Syringa oblata var. *alba* Hort.ex Rehd.

木犀科Oleaceae，丁香属*Syringa*

形态特征：多年生落叶灌木、小乔木，高4～5 m。树皮灰褐色或灰色。小枝、花序轴、花梗、苞片、花萼、幼叶两面以及叶柄密被腺毛。叶较小，叶面有疏生绒毛，叶片纸质，单叶互生。叶卵圆形或肾脏形，先端锐尖。花白色，有单瓣、重瓣之别，花端四裂，筒状，呈圆锥花序。花期：4～5月。

分布区域：原产中国华北地区，长江以北地区均有栽培，尤以华北、东北为多。

生长习性：喜光，稍耐阴，耐寒，耐旱，喜排水良好的深厚肥沃土壤。

栽培管理：分株、压条、嫁接、扦插或播种繁殖。在开花后施用适量的磷、钾肥及少量氮肥，有利于植株生长发育。

景观应用：白丁香的花，密集而洁白、素雅而清香，常植于庭园观赏。适宜于宅旁、亭阶、墙隅、篱下与路边配置，也宜于溪边、池畔、岩石、假山下栽种。

暴马丁香（白丁香、荷花丁香）

Syringa reticulata subsp. *amurensis* (Ruprecht) P. S. Green & M. C. Chang

木犀科Oleaceae，丁香属*Syringa*

形态特征：落叶小乔木或乔木，高4～10 m，具直立或开展枝条。树皮紫灰褐色，枝灰褐色。叶片厚纸质，宽卵形、卵形至椭圆状卵形，或为长圆状披针形，先端短尾尖至尾状渐尖或锐尖，叶面黄绿色，叶背淡黄绿色，秋时呈锈色。圆锥花序由1到多对着生于同一枝条上的侧芽抽生，长10～20 cm，宽8～20 cm；花序轴具皮孔；花冠白色，呈辐状。果长椭圆形，先端钝，或锐尖、凸尖。花期：6～7月；果期：8～10月。

分布区域：产于中国黑龙江、吉林、辽宁。俄罗斯远东地区和朝鲜也有分布。

生长习性：喜光，喜温暖、湿润及阳光充足气候。耐寒、耐旱、耐瘠薄，对土壤的要求不严。

栽培管理：播种繁殖。

景观应用：植株枝叶茂密，花序大，花期长，花香浓郁，为著名的观赏花木之一。广泛栽植于庭园、居民区等地。可丛植于建筑前或周围，散植于园路两旁、草坪之中。

辽东丁香

Syringa villosa subsp. *wolfii* (C. K. Schneider) J. Y. Chen & D. Y. Hong

木犀科Oleaceae，丁香属*Syringa*

　　形态特征：灌木，高达6 m。枝粗壮，灰色，疏生白色皮孔。叶片椭圆状长圆形、椭圆状披针形、椭圆形或倒卵状长圆形，长3.5～12 cm，宽1.5～7 cm，先端锐尖、短渐尖或渐尖，稀钝，基部楔形、宽楔形至近圆形，叶缘具睫毛，叶面深绿色，叶背淡绿色或粉绿色，密被柔毛，沿叶脉被柔毛或须状柔毛。圆锥花序直立，由顶芽抽生，长5～30 cm，宽3～18 cm；花序轴、花梗、花萼被较密的柔毛或短柔毛；花芳香；花冠紫色、淡紫色、紫红色或深红色，漏斗状。果长圆形。花期：6月；果期：8月。

　　分布区域：产于中国黑龙江、吉林、辽宁。朝鲜也有分布。

　　生长习性：喜光，耐寒，喜土壤湿润而排水良好的土壤。

　　栽培管理：播种繁殖。幼苗出现侧根以后开始追肥，前期以氮肥为主，中期以磷肥为主，后期以钾肥为主。

　　景观应用：辽东丁香是园林绿化的优良花灌木，宜丛植在林缘、路边，也可在庭前、窗外孤植，或配置在丁香专类园中。

罗布麻

Apocynum venetum L.

夹竹桃科Apocynaceae，罗布麻属*Apocynum*

形态特征：直立半灌木，高1.5～4 m，具乳汁；枝条对生或互生，圆筒形，紫红色或淡红色。叶对生，分枝处为近对生，叶片椭圆状披针形，长1～5 cm，宽0.5～1.5 cm，基部急尖至钝，叶缘具细牙齿。圆锥状聚伞花序，顶生；花冠圆筒状钟形，紫红色或粉红色。蓇葖2，箸状圆筒形，外果皮棕色，有纸纵纹；种子卵圆状长圆形，黄褐色，顶端有一簇白色绢质的种毛。花期：4～9月；果期：7～12月。

分布区域：产新疆、青海、甘肃、陕西、山西、河南、河北、江苏、山东、辽宁及内蒙古等地。

生长习性：耐旱、耐盐碱、耐低温和高温，抗逆性强。

栽培管理：种子、根茎和分株繁殖。种子繁殖因种子细小，需将种子浸泡后露出50%芽白方可播种。根茎繁殖选取2年生以上的根茎进行栽培。分株繁殖在植株枯萎后或在春季萌动前，将根茎及根从株丛中挖出进行移栽。

景观应用：罗布麻花小而多，美丽、芳香，花期较长，适应性广，是防风固沙、保持水土、涵养水源、防御水、旱灾害的优良植物，尤在西北地区应用广泛。

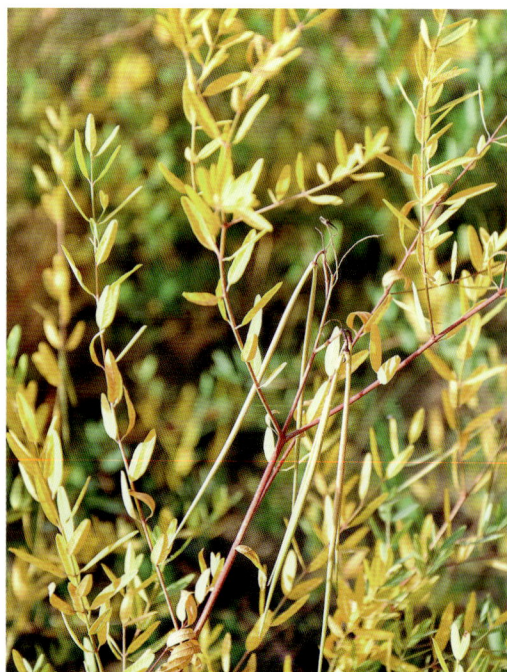

清明花

Beaumontia grandiflora Wall.

夹竹桃科Apocynaceae，清明花属*Beaumontia*

　　形态特征：高大藤本；枝幼时有锈色柔毛，老时无毛，茎有皮孔。叶长圆状倒卵形，长6～15 cm，宽3～8 cm，顶端短渐尖，幼时略被柔毛，老渐无毛，稀叶背被浓毛。聚伞花序顶生，着花3～5朵，有时更多；花梗有锈色柔毛，长2～4 cm；花萼裂片长圆状披针形或倒卵形，或倒披针形；花冠长约10 cm，外面有微毛，裂片卵圆形。蓇葖形状多变，内果皮亮黄色；种毛白色绢质。花期：4～5月；果期：秋冬季。

　　分布区域：原产于印度和中国云南。中国广西、广东和福建有栽培。

　　生长习性：喜光，喜温暖湿润的环境，要求肥沃且排水良好的土壤。

　　栽培管理：扦插繁殖。扦插时间在7～9月，生根时间为5～7周。

　　景观应用：花大且多，为优良的大中型藤本植物，在华南地区可庭院栽培。还适用于廊架、墙边、阳台绿化。

夹竹桃（红花夹竹桃、欧洲夹竹桃）

Nerium oleander L.

夹竹桃科 Apocynaceae，夹竹桃属 *Nerium*

形态特征：常绿灌木，高达 5 m。叶片轮生，稀为对生，椭圆状窄披针形，顶端急尖，基部楔形，叶缘反卷，长 5～21 cm，宽 1～3.5 cm，叶面深绿色；叶柄内具腺体。聚伞花序顶生，花数朵着生，微香；花萼 5 深裂，花萼裂片广展，红色，披针形；花冠为单瓣或重瓣，花冠深红色或粉红色或白色，栽培品种白色或黄色，花冠筒喉部鳞片顶端多裂。花期：几乎全年，夏秋为最盛；果期：一般在冬春季，栽培很少结果。

分布区域：原产地中海地区。中国各地均有栽培。现广植于热带、亚热带地区。

生长习性：喜阳光充足、温暖而湿润的环境条件；适应性强，耐寒，耐干旱和瘠薄。喜肥怕涝。宜种植于向阳、地势较高、排水良好的地方。

栽培管理：以扦插为主，也可用分株和压条繁殖，春至夏季为适期。

景观应用：花繁叶茂，姿态优美，而且对有毒气体和粉尘具有很强的抵抗力。是园林造景的重要灌木花卉，适用于绿带、绿篱、树墙、拱道作绿化观赏。

红鸡蛋花

Plumeria rubra L.

夹竹桃科Apocynaceae，鸡蛋花属*Plumeria*

形态特征：小乔木，高达5 m。叶厚纸质，长圆状倒披针形，顶端急尖，基部狭楔形，长14～30 cm，宽6～8 cm；叶柄长4～7 cm。聚伞花序顶生，长22～32 cm，直径10～15 cm，总花梗三歧，长13～28 cm，肉质；花冠稍淡红色或紫红色，径4～6 cm，花冠裂片淡红色、黄色或白色，基部黄色，长3～4.5 cm，宽1.5～2.5 cm，斜展。蓇葖双生；种子长圆形，扁平。花期3～9月；果期：栽培极少结果，一般为7～12月。

分布区域：中国南部有栽培。原产于南美洲，现广植于亚洲热带和亚热带地区。

生长习性：性喜高温，湿润和阳光充足的环境。耐干旱，忌涝渍，抗逆性好。以深厚肥沃、通透良好、富含有机质的酸性砂壤土为佳。

栽培管理：扦插繁殖为主，还可播种、压条或嫁接繁殖。常见栽培的还有：'鸡蛋花'*Plumeria rubra* 'Acutifolia'（'缅栀'）。

景观应用：花鲜红色，枝叶青绿色，树形美观，为一种良好的观赏植物。常见于公园，植物园栽培观赏。宜在庭园、草坪栽植观赏。

络石

Trachelospermum jasminoides (Lindl.) Lem.

夹竹桃科 Apocynaceae，络石属 *Trachelospermum*

形态特征：常绿木质藤本，长达 10 m，具乳汁。叶革质，卵形、倒卵形或窄椭圆形，长 2～10 cm；叶柄长 0.3～1.2 cm。二歧聚伞花序腋生或顶生，花多朵组成圆锥状；花白色，芳香；花冠筒圆筒形，中部膨大。蓇葖双生，叉开，线状披针形；种子线形，顶端具白色绢质种毛。花期：3～7 月；果期：7～12 月。

分布区域：本种分布很广，中国山东、安徽、江苏、浙江、福建、台湾、江西、河北、河南、湖北、湖南、广东、广西、云南、贵州、四川、陕西等地都有分布。日本、朝鲜和越南也有分布。

生长习性：喜光，稍耐阴，耐旱，耐涝，耐寒性强。适应性极强，对土壤要求不严。抗污染能力强，对有害气体有较强抗性。

栽培管理：扦插、压条或组培繁殖。扦插易成活，其茎节处接触土层生根后剪断分株繁殖。

景观应用：四季常青，花皓洁如雪，幽香袭人。可植于庭园、公园，于院墙、石柱、亭、廊、陡壁等处攀附点缀，十分美观。其茎触地后易生根，是理想的地被植物，可作疏林草地的林间、林缘地被。同时可用于污染严重厂区的绿化、公路护坡等，是环境恶劣地块的优良绿化材料。

杠柳

Periploca sepium Bunge

杠柳科 Periplocaceae，杠柳属 *Periploca*

形态特征：落叶蔓性灌木，长可达1.5 m。具乳汁；茎皮灰褐色；小枝对生，有细条纹，具皮孔。叶卵状长圆形，长5～9 cm，宽1.5～2.5 cm，顶端渐尖，基部楔形。聚伞花序腋生，着花数朵；花冠紫红色，辐状，花冠筒短，裂片长圆状披针形。蓇葖2，圆柱状，长7～12 cm，具有纵条纹；种子长圆形，黑褐色，顶端具白色绢质种毛；种毛长3 cm。花期：5～6月；果期：7～9月。

分布区域：产吉林、辽宁、内蒙古、河北、山东、山西、江苏、河南、江西、贵州、四川、陕西和甘肃等地。

生长习性：喜光，耐寒，耐旱，耐高温，耐水湿，适应性强。

栽培管理：播种繁殖。采用直接播种，播后保持土壤湿润，约10～20天即可出苗，1年生苗高15～25 cm。

景观应用：果实奇特，宜作庭园垂直绿化和地被植物。可植于水滨及小庭一隅，也可用于边坡植被恢复。北方常用护坡种类。

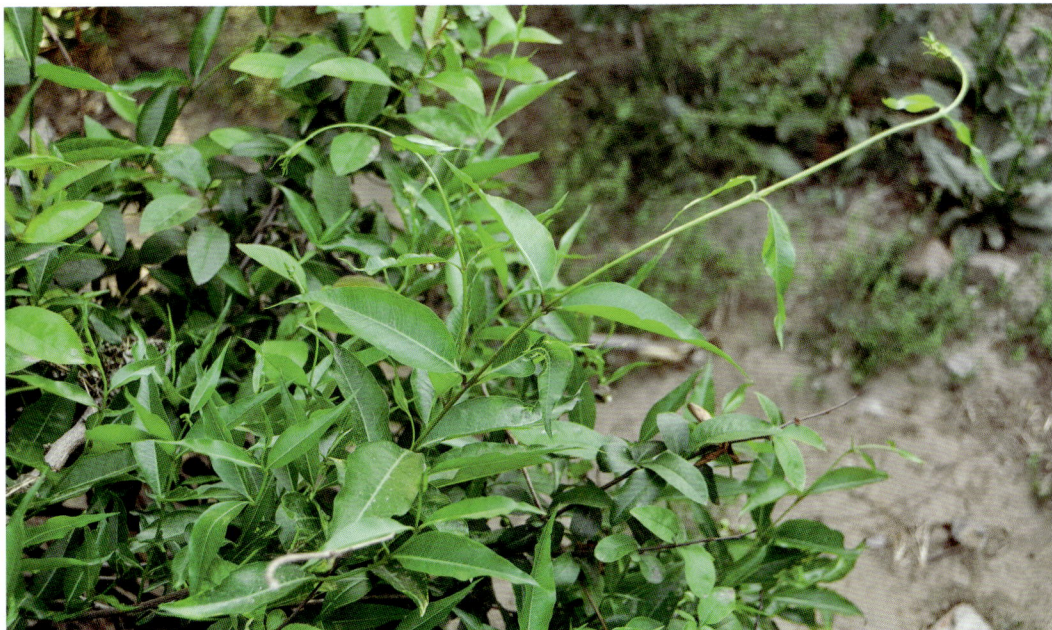

栀子（黄栀子、栀子花、小叶栀子、山栀子）
Gardenia jasminoides Ellis

茜草科 Rubiaceae，栀子属 *Gardenia*

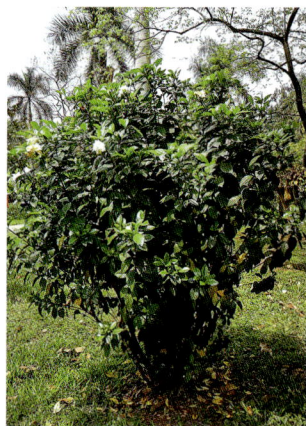

形态特征：灌木，高 0.3～3 m。叶对生或 3 枚轮生，长圆状披针形、倒卵状长圆形、倒卵形或椭圆形，长 3～25 cm，宽 1.5～8 cm，顶端渐尖或短尖，基部楔形。花芳香，单朵生于枝顶，萼筒宿存；花冠白色或乳黄色，高脚碟状。果卵形、近球形、椭圆形或长圆形，黄色或橙红色，有翅状纵棱 5～9 条。花期：3～7 月；果期：5 月至翌年 2 月。

分布区域：产于中国华南、华东、西南等地区，河北、陕西和甘肃有栽培。日本、朝鲜、越南、老挝、柬埔寨、印度、尼泊尔、巴基斯坦、太平洋岛屿和美洲北部，野生或栽培。

生长习性：喜温湿，向阳，较耐寒，耐半阴，怕积水，要求疏松、肥沃和酸性的砂壤土。

栽培管理：扦插、压条、分株或播种繁殖。在栀子花生长旺盛时期，每半个月施一次豆饼、花生麸等肥料，有利于花开旺盛。常见栽培的还有白蟾 *Gardenia jasminoides* var. *fortuniana* 花重瓣。

景观应用：四季常绿，花大美丽，芳香素雅，广植于庭园供观赏。适用于阶前、池畔和路旁配置，也可作花篱和盆栽观赏。

龙船花

Ixora chinensis Lam.

茜草科Rubiaceae，龙船花属*Ixora*

　　形态特征：灌木，高0.8～2 m；小枝初时深褐色，老时呈灰色，具线条。叶对生，有时由于节间距离极短几成4枚轮生，披针形、长圆状披针形至长圆状倒披针形，长6～13 cm，宽3～4 cm，顶端钝或圆形。花序顶生，多花；花冠红色或红黄色，盛开时长2.5～3 cm，顶部4裂。果近球形，成熟时红黑色。花期：5～7月。

　　分布区域：产于中国广东、香港、广西、福建。越南、菲律宾、马来西亚、印度尼西亚等热带地区也有分布。

　　生长习性：喜高温、高湿、光照充足的气候条件，较耐荫蔽，畏寒冷。喜土层深厚，富含腐殖质且疏松、排水良好的酸性壤土。

　　栽培管理：播种或扦插繁殖。春、夏、秋季为生育、开花期，每月追肥1～2次。

　　景观应用：株形优美，花色红艳，且花期长久，现广植于热带城市作庭园观赏。可布置在花坛、花境中，或露地栽植布置在道路旁、风景区，适宜作花墙、花篱，在北方作盆栽观赏，其花也可作切花材料。

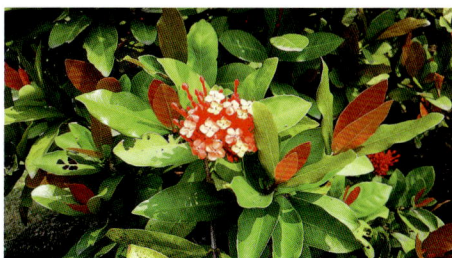

内蒙野丁香

Leptodermis ordosica H. C. Fu et E. W. Ma

茜草科Rubiaceae，野丁香属*Leptodermis*

　　形态特征： 多枝小灌木，高20～40 cm；枝稍粗壮，弯拐，暗灰色，具细裂纹，小枝较纤细，劲直，有时刺状，灰色，被微柔毛；叶厚纸质，长圆形至椭圆形，有时阔椭圆形，长3～10 mm，宽2～5 mm，顶端短尖或稍钝，基部楔形或渐狭，边缘稍反卷。花1～3朵簇生于枝顶和近枝顶的叶腋；花冠紫红色，有香气，漏斗形，长11～14 mm。花果期：7～8月。

　　分布区域： 中国特有，产于中国内蒙古和宁夏的贺兰山一带。

　　生长习性： 喜光耐阴，抗逆，耐干旱瘠薄。

　　栽培管理： 播种或组织培养繁殖。

　　景观应用： 干旱地区难得的野生花灌木，花期长，具有较高的观赏价值，可作道路绿化、屋顶绿化植株，孤植或丛植于建筑旁。

红纸扇

Mussaenda erythrophylla Schumach. et Thom.

茜草科Rubiaceae，玉叶金花属*Mussaenda*

    形态特征：半常绿灌木；高1～3 m。叶纸质，椭圆形披针状，长7～9 cm，宽4～5 cm，顶端长渐尖，基部渐窄，两面被稀柔毛，叶脉红色。聚伞花序顶生；花白色；花筒红色，裂片黄色，萼片5枚，其中1枚很特别：椭圆形，肥大如叶片状；萼片长10 cm，呈血红色，为主要观赏部位，花几乎覆盖整个植株，单花期长20余天。花期：夏、秋季；果期：秋季。

    分布区域：原产西非，中国华南地区常见栽培。

    生长习性：喜光，喜高温多湿气候，畏寒，怕涝。生长于排水良好、富含腐殖质的壤土或砂质壤土为佳，要求肥沃的酸性土壤。

    栽培管理：播种、压条或扦插法繁殖。苗期注意多施磷肥、钾肥。

    景观应用：红纸扇的叶状萼片红艳夺目，宜配置于建筑物附近、路旁、林边、草坪周围或小庭院内，孤植、丛植、列植均宜，也可植为花篱，是优良的园林绿化灌木。

粉纸扇（粉叶金花）

Mussaenda hybrida 'Alicia'

茜草科 Rubiaceae，玉叶金花属 *Mussaenda*

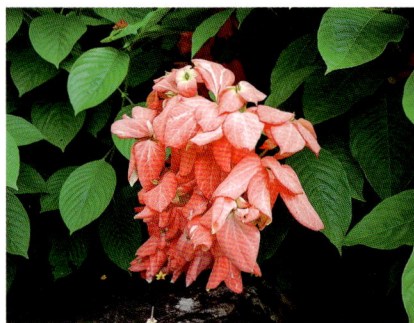

形态特征： 常绿灌木，高达 3 m。树冠广圆形、多分枝。叶纸质，卵状披针形，全缘，长 7～9 cm，宽 4～5 cm，顶端长渐尖，基部渐窄，两面被稀柔毛，叶脉红色。聚伞花序顶生，每一花序中有扩大的粉红色叶状萼片，萼片近圆形，花冠漏斗状，常被毛，裂片镊合状排列。花期：5～11月。

分布区域： 原产热带非洲、亚洲。中国华南地区有栽培。

生长习性： 喜高温，耐热，耐旱，忌涝。喜光照充足，在荫蔽处生育开花不良。栽培土质以排水良好的土壤或砂质壤土为佳。

栽培管理： 扦插繁殖。病虫害较少，当发生病害时可用多菌灵 800 倍液防治；虫害主要有夜蛾，可用辛硫磷 1000 倍液防治。

景观应用： 夏秋季花姿优美，适于作大型盆栽及种植于花槽、庭园、校园、公园等处，可单植、列植或群植。也可植于高速公路服务区、管理区。

玉叶金花

Mussaenda pubescens Ait. F. Hort. Kew. Ed.

茜草科Rubiaceae，玉叶金花属*Mussaenda*

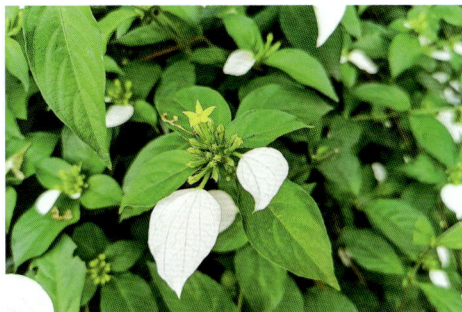

形态特征： 攀缘灌木，嫩枝被贴伏短柔毛。叶对生或轮生，膜质或薄纸质，卵状长圆形或卵状披针形，长5～8 cm，宽2～2.5 cm，顶端渐尖，基部楔形，叶背密被短柔毛；叶柄被柔毛。聚伞花序顶生，密花；花叶阔椭圆形，长2.5～5 cm，宽2～3.5 cm，顶端钝或短尖，基部狭窄，两面被柔毛；花冠黄色。浆果近球形。花期：6～7月。

分布区域： 产于中国广东、香港、海南、广西、福建、湖南、江西、浙江和台湾。

生长习性： 适应性强，生长速度快，萌芽力强，耐修剪，在较贫瘠及阳光充足或半阴湿环境都能生长。

栽培管理： 扦插繁殖。苗期注意多施磷肥、钾肥。

景观应用： 开花时，叶状雪白的萼片及金黄色的花冠明亮而美观。其枝条细软，可作各式各样的造型盆景，也可在围墙等建筑旁作垂直绿化。宜种于高速公路服务区、管理区。

六月雪（白马骨）

Serissa japonica (Thunb.) Thunb. Nov. Gen.

茜草科 Rubiaceae，白马骨属 *Serissa*

形态特征： 小灌木，高 60～90 cm，有臭气。叶革质，卵形至倒披针形，长 6～22 mm，宽 3～6 mm，顶端短尖至长尖，边全缘。花单生或数朵丛生于小枝顶部或腋生，有被毛、边缘浅波状的苞片；萼檐裂片细小，锥形，被毛；花冠淡红色或白色，长 6～12 mm，裂片扩展，顶端 3 裂。花期：5～7 月。

分布区域： 产于中国江苏、安徽、江西、浙江、福建、广东、香港、广西、四川、云南。分布于日本、越南。

生长习性： 喜阴，喜温暖、湿润环境，不甚耐寒。耐干旱，耐贫瘠，喜排水良好、肥沃湿润的土壤。适应性强，萌芽、萌蘖力均强，耐修剪。

栽培管理： 扦插或分株繁殖。

景观应用： 初夏开花繁花点点，如雪花满树，持续至深秋开花不断，适应能力强。地栽时适宜作花坛境界、花篱，或配植在山石、岩缝间。

葱皮忍冬

Lonicera ferdinandi Franchet

忍冬科Caprifoliaceae，忍冬属*Lonicera*

　　形态特征：落叶灌木，高3m；幼枝有刚毛，兼生微毛和红褐色腺，老枝有乳头状突起而粗糙，壮枝的叶柄间有盘状托叶。叶纸质，卵形至卵状披针形或矩圆状披针形，长3～10cm。苞片叶状；花冠白色，后变淡黄色。果实红色，卵圆形，长1cm。花期：4～6月；果熟期：9～10月。

　　分布区域：产于中国辽宁长白山、河北南部、山西西部、陕西秦岭以北、宁夏南部、甘肃南部、青海东部、河南及四川北部。朝鲜北部也有分布。

　　生长习性：喜光，耐阴、耐旱、耐水湿。

　　栽培管理：播种、扦插、分株繁殖。

　　景观应用：树势旺盛，花黄白相间，秋季果实变红，是很好的观花、赏果树种。园林中孤植、列植或丛植于林下、林缘、草坪边缘、园路转角及坡地等处观赏。

忍冬（金银花）

Lonicera japonica Thunb.

忍冬科Caprifoliaceae，忍冬属*Lonicera*

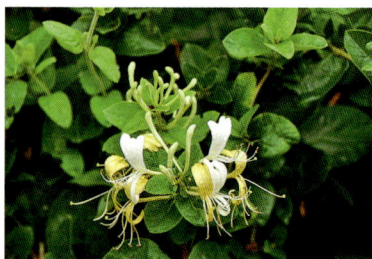

形态特征：半常绿藤本；幼枝暗红褐色，密被黄褐色、开展的硬直糙毛、腺毛和短柔毛。叶纸质，卵形至矩圆状卵形，有时卵状披针形，稀圆卵形或倒卵形，长3～5 cm，顶端尖或渐尖。总花梗单生于小枝上部叶腋；苞片大，叶状，卵形至椭圆形，长达2～3 cm；花冠白色，有时基部向阳面呈微红，后变黄色。果实圆形，熟时蓝黑色；种子卵圆形或椭圆形，褐色，两侧有浅的横沟纹。花期：4～6月；果熟期：10～11月。

分布区域：除黑龙江、内蒙古、宁夏、青海、新疆、海南和西藏无自然生长外，全国各地均有分布。

生长习性：喜光，耐寒、耐旱、耐阴，生长能力强。

栽培管理：播种和扦插繁殖。

景观应用：花淡雅清香，匍匐生长能力强，适宜在林下、林缘、建筑物等处作地被栽培，或绿化矮墙；也可制作成花廊、花架、花柱以及缠绕假山石等。

金银忍冬（金银木）

Lonicera maackii (Rupr.) Maxim.

忍冬科Caprifoliaceae，忍冬属*Lonicera*

形态特征： 落叶灌木，高达6 m。叶纸质，卵状椭圆形至卵状披针形，有时叶形有变化，长5～8 cm，顶端渐尖或长渐尖，基部宽楔形至圆形。花芳香，生于幼枝叶腋；花冠先白色后变黄色，长1～2 cm，唇形，筒长约为唇瓣的1/2，内被柔毛。果实暗红色，圆形；种子具蜂窝状微小浅凹点。花期：5～6月；果熟期：8～10月。

分布区域： 产于中国黑龙江、吉林、辽宁、河北、山西、陕西、甘肃、山东、江苏、安徽、浙江、河南、湖北、湖南、四川、贵州、云南及西藏。朝鲜、日本和俄罗斯也有分布。

生长习性： 性喜强光，喜温暖的环境，较耐寒，稍耐旱，但在微潮偏干的环境中生长良好。

栽培管理： 播种或扦插繁殖。春季播种繁殖。夏季采用当年生半木质化枝条进行嫩枝扦插；秋季选取1年生健壮饱满枝条进行硬枝扦插。

景观应用： 金银木树势旺盛，枝繁叶茂，初夏开花芳香，秋季红果满枝头，是良好的观赏灌木。在园林中，常丛植于草坪、山坡、林缘、路边或点缀于建筑周围。

小叶忍冬

Lonicera microphylla Willd. ex Roem. et Schult.

忍冬科Caprifoliaceae，忍冬属*Lonicera*

　　形态特征：落叶灌木，高达2 m。叶纸质，倒卵形、倒卵状椭圆形至椭圆形或矩圆形，顶端钝或稍尖，基部楔形。总花梗成对生于幼枝下部叶腋；花冠黄色或白色，外面疏生短糙毛，唇形。果实红色或橙黄色，圆形；种子淡黄褐色。花期：5～6月；果熟期：7～8月。

　　分布区域：产于中国内蒙古、河北、山西、宁夏、甘肃、青海、新疆及西藏。阿富汗、印度、蒙古、俄罗斯也有分布。

　　生长习性：喜光，喜温暖湿润气候，耐半阴，耐旱，怕水湿。

　　栽培管理：播种繁殖。

　　景观应用：春夏花色美丽，秋果累累，小叶轻巧秀丽，花开芳香四溢，适合栽植于墙隅、景石旁、花架周围等区域作观赏藤木，应用于庭院、花园、居住区、办公区、校园等，可美化环境和净化空气。

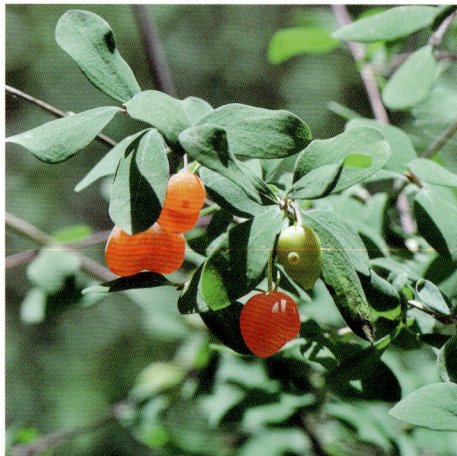

长白忍冬

Lonicera ruprechtiana Regel

忍冬科Caprifoliaceae，忍冬属*Lonicera*

形态特征：落叶灌木，高达3 m。叶纸质，矩圆状倒卵形、卵状矩圆形至矩圆状披针形，长4～6 cm；叶柄长3～8 mm；总花梗长6～12 mm；苞片条形，长5～6 mm；花冠白色，后变黄色。果实橘红色，圆形；种子椭圆形，棕色，有细凹点。花期：5～6月；果熟期：7～8月。

分布区域：产于中国东北三省的东部。朝鲜北部和俄罗斯西伯利亚东部及远东地区也有分布。

生长习性：喜光，性强健、耐寒、耐旱。

栽培管理：播种或扦插繁殖。

景观应用：树势旺盛，枝叶丰满，芳香美丽，是园林中优良的花灌木绿化树种。可布置于庭院、林缘，也可孤植、丛植于草坪边、林阴下、建筑物前。

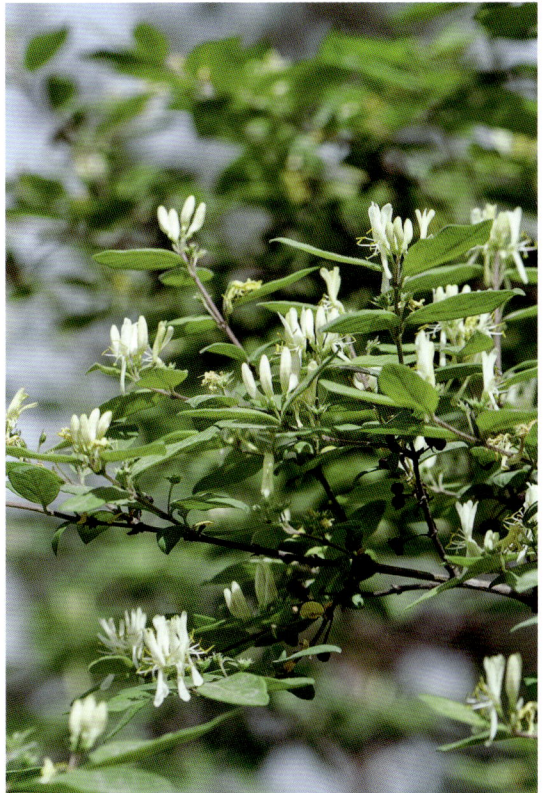

新疆忍冬（靼鞑忍冬）

Lonicera tatarica L.

忍冬科Caprifoliaceae，忍冬属*Lonicera*

　　形态特征：落叶灌木，高达3 m。小枝中空，老枝皮灰白色。叶卵形或卵状椭圆形，长2～6 cm，顶端尖，基部圆形或近心形。总花梗纤细，长1～2 cm；苞片条状披针形或条状倒披针形；小苞片分离，近圆形至卵状矩圆形；花冠粉红色或白色，长约1.5 cm，唇形，基部常有浅囊，上唇两侧裂深达唇瓣基部，开展，中裂较浅。果实红色，圆形。花期：5～6月；果熟期：7～8月。

　　分布区域：产于中国新疆北部，黑龙江和辽宁等地有栽培。俄罗斯欧洲部分至西伯利亚地区也有分布。

　　生长习性：喜光植物，适生光照充足、热量充沛的环境，耐旱、耐寒、耐瘠薄，对土壤要求不严。

　　栽培管理：播种或扦插法繁殖。

　　景观应用：新疆忍冬为庭园观赏树种。其花色鲜艳，花量大，开花时节满树红花，孤植、成行栽植于草地、路旁等，可修剪为球形或其他造型，还可作为花境材料。

台尔曼忍冬

Lonicera tellmanniana Spaeth

忍冬科Caprifoliaceae，忍冬属*Lonicera*

形态特征： 落叶藤本，叶椭圆形，先端钝或微尖，基部圆形，长1.5～10 cm，宽1～6 cm；叶背被粉，灰绿色，叶脉微白。伞形花序5个一组呈节状排列；花序下面1～2对叶合生成近圆形或卵圆形的盘：盘两端通常钝形或具小尖头，花冠橘红色或黄红色，长3～7 cm筒状花冠基部具浅囊，花瓣二唇形。花期：5～10月。

分布区域： 原产于北美。中国黑龙江、江苏、青海西宁等地均有引种栽培。

生长习性： 喜阳光，喜温暖，耐半阴、耐旱、耐寒、抗病。喜土壤湿润、肥沃而排水良好的生长环境。

栽培管理： 播种、扦插或压条繁殖，开花前应追施复合肥1～2次。

景观应用： 叶绿繁茂，秋叶保持金黄长达月余，花繁色艳，可攀缘于棚架、花廊、篱笆、树干或岩石旁，观赏效果极佳。有防风固沙功能。

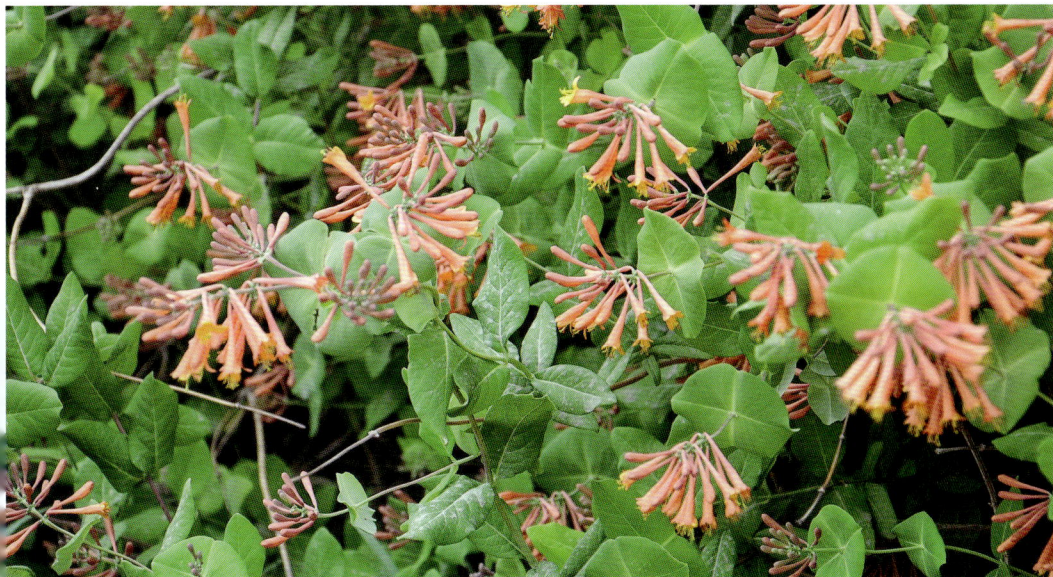

接骨木

Sambucus williamsii Hance

忍冬科Caprifoliaceae，接骨木属*Sambucus*

　　形态特征：落叶灌木或小乔木，高5～6m；老枝淡红褐色，具长椭圆形皮孔，髓部淡褐色。羽状复叶有小叶2～3对，有时仅1对或多达5对，侧生小叶片卵圆形、狭椭圆形至倒矩圆状披针形，长5～15cm，宽1.2～7cm，顶端尖、渐尖至尾尖，边缘具不整齐锯齿；托叶狭带形。花与叶同出，圆锥形聚伞花序顶生，长5～11cm，宽4～14cm，具总花梗；花小而密；花冠蕾时带粉红色，开后白色或淡黄色，筒短，裂片矩圆形或长卵圆形。果实卵圆形或近圆形，红色。花期：4～5月；果熟期：9～10月。

　　分布区域：产于中国黑龙江、吉林、辽宁、河北、山西、陕西、甘肃；山东、江苏、安徽、浙江、福建、河南、湖北、湖南、广东、广西、四川、贵州及云南等地。

　　生长习性：喜光，耐阴、耐寒、耐旱，根系发达，萌蘖性强，适应性较强。

　　栽培管理：扦插和分株繁殖。扦插繁殖在4～5月剪取1年生枝条，插于沙床。分株繁殖在秋季落叶后，挖取母枝，将其周围的萌蘖枝分开栽植。在春秋季进行移植。

　　景观应用：枝叶繁茂，初夏开白花，初秋结红果，宜于水边、林缘和草坪边缘栽植，可盆栽或配置花境观赏。

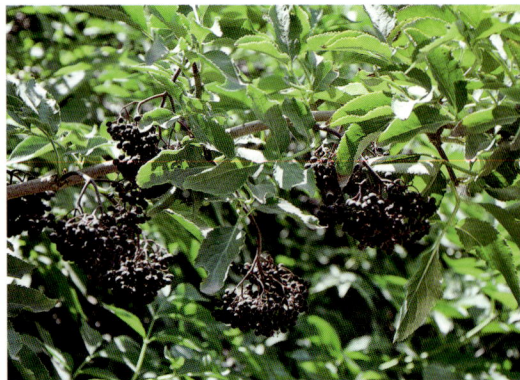

香荚蒾

Viburnum farreri W. T. Stearn

忍冬科Caprifoliaceae，荚蒾属*Viburnum*

　　形态特征：落叶灌木，高达5 m；当年生小枝绿色，2年生小枝红褐色，后变灰褐色或灰白色。叶纸质，椭圆形或菱状倒卵形，长4～8 cm，顶端锐尖，基部楔形至宽楔形，边缘基部除外具三角形锯齿。圆锥花序生于能生幼叶的短枝之顶，长3～5 cm，花先叶开放，芳香；苞片条状披针形，具缘毛；花冠蕾时粉红色，后变白色，高脚碟状。果实紫红色，矩圆形。花期：4～5月。

　　分布区域：产甘肃、青海及新疆。山东、河北、甘肃、青海等地多有栽培。

　　生长习性：喜光，耐半阴，耐修剪，耐寒。喜肥沃、湿润、疏松土壤，不耐瘠土和积水。

　　栽培管理：播种、扦插繁殖。

　　景观应用：花早春开放，白而浓香，为高寒地区主要的观花灌木，枝叶稠密，叶形优美，可布置庭院、林缘，也可孤植、丛植于草坪边、林阴下、建筑物前。

蝶花荚蒾

Viburnum hanceanum Maxim.

忍冬科 Caprifoliaceae，荚蒾属 *Viburnum*

形态特征：灌木，高达 2 m。叶纸质，圆卵形、近圆形或椭圆形，长 4～8 cm，顶端圆形而微凸头，基部圆形至宽楔形，边缘基部除外具整齐而稍带波状的锯齿。伞形式聚伞花序，直径 5～7 cm，外围有 2～5 朵白色、大型的不孕花，总花梗长 2～4 cm，第一级辐射枝通常 5 条，花生于第二至第三级辐射枝上；萼筒倒圆锥形，萼齿卵形；不孕花白色，直径 2～3 cm，裂片倒卵形；可孕花花冠黄白色，直径约 3 mm，辐状，裂片卵形。果实红色，卵圆形。花期：4～5 月；果熟期：8～9 月。

分布区域：产于中国江西南部、福建、湖南、广东中部至北部及广西。

生长习性：喜阳，喜温暖、湿润、半阴的环境；喜微酸性土壤。抗寒性强，耐干旱。

栽培管理：播种或扦插繁殖。

景观应用：蝶花荚蒾开花时宛如蝴蝶飞舞，可孤植或丛植，是优良的观花灌木。

蒙古荚蒾

Viburnum mongolicum (Pall.) Rehd.

忍冬科Caprifoliaceae，荚蒾属*Viburnum*

　　形态特征：落叶灌木，高达2 m；幼枝、叶背、叶柄和花序均被簇状短毛，2年生小枝黄白色。叶纸质，宽卵形至椭圆形，长2.5～5 cm，顶端尖或钝形，基部圆或楔圆形，边缘有波状浅齿，齿顶具小突尖，叶面被簇状或叉状毛，叶背灰绿色。聚伞花序直径1.5～3.5 cm；花冠淡黄白色，筒状钟形。果实红色而后变黑色，椭圆形。花期：5月；果熟期：9月。

　　分布区域：产于中国内蒙古、河北、山西、陕西、宁夏、甘肃南部及青海东北部。俄罗斯西伯利亚东部和蒙古也有分布。

　　生长习性：抗寒、抗旱、耐阴。

　　栽培管理：播种繁殖。

　　景观应用：枝叶稠密，树冠球形，叶形美观，花果悦目。园林可作花篱、花境等，可修剪为球形，宜孤植、丛植。

珊瑚树

Viburnum odoratissimum Ker. -Gawl.

忍冬科Caprifoliaceae，荚迷属*Viburnum*

形态特征：常绿灌木或小乔木，高达10 m，枝干挺直。叶革质，椭圆形至矩圆形或矩圆状倒卵形至倒卵形，有时近圆形，长7～20 cm，顶端短尖至渐尖而钝头，边缘上部有不规则浅波状锯齿或近全缘。圆锥花序顶生或生于侧生短枝上；花冠白色，后变黄色，有时微红，辐状。果实先红色后变黑色，卵圆形或卵状椭圆形。花期：4～5月；果熟期：7～9月。

分布区域：产于中国广东、海南、广西、湖南、福建。印度、缅甸、泰国和越南也有分布。

生长习性：喜光，喜温暖、湿润气候，耐半阴，抗污染力强。耐修剪。

栽培管理：扦插或播种繁殖。

景观应用：为中国南方乡土树种。枝叶繁茂，春季开出一串串白色小花，夏季红果累累，常修整成绿墙、绿廊和绿门。用作高大绿篱，有隔音、隔尘的效果。耐火力较强，可作森林防火屏障。

欧洲荚蒾（欧洲绣球）

Viburnum opulus L.

忍冬科Caprifoliaceae，荚蒾属*Viburnum*

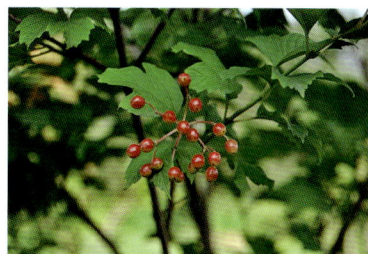

　　形态特征：落叶灌木，高达1.5～4 m。叶轮廓圆卵形至广卵形或倒卵形，长6～12 cm，3裂，具掌状3出脉，基部圆形、截形或浅心形，裂片顶端渐尖，边缘具不整齐粗牙齿；位于小枝上部的叶较狭长，椭圆形至矩圆状披针形而不分裂，边缘疏生波状牙齿，或浅3裂而裂片全缘或近全缘，侧裂片短，中裂片伸长；叶柄有2～4至多枚明显的长盘形腺体，基部有2钻形托叶。复伞形式聚伞花序直径5～10 cm；花冠白色，辐状。果实红色，近圆形。花期：5～6月；果熟期：9～10月。

　　分布区域：产新疆西北部。欧洲和俄罗斯也有分布。

　　生长习性：喜光，耐寒、耐旱，有较强耐阴性。喜湿润空气，喜疏松肥沃、湿润富含有机质的土壤。但干旱气候亦能生长发育良好，耐轻度盐碱。

　　栽培管理：播种或扦插繁殖。多采用扦插繁殖。

　　景观应用：花白色清雅，花期较长。春观花，夏观果，秋观叶、果，冬观果，四季皆有景，为优良的野生观赏植物。在干旱区城市绿地系统建设中可作为耐阴灌木应用。

鸡树条（天目琼花、鸡树条荚蒾）

Viburnum opulus subsp. *calvescens* (Rehder) Sugimoto

忍冬科 Caprifoliaceae，荚蒾属 *Viburnum*

形态特征： 落叶灌木植物，高可达 4 m。叶片轮廓圆卵形至广卵形或倒卵形，3 裂，掌状，裂片顶端渐尖，边缘具不整齐粗牙齿，椭圆形至矩圆状披针形，边缘疏生波状牙齿。复伞形式聚伞花序，周围有大型的不孕花，花生于第二至第三级辐射枝上；萼齿三角形；花冠白色，辐状，花药黄白色，不孕花白色，果实红色，近圆形。花期：5～6 月，果熟期：9～10 月。

分布区域： 产于中国黑龙江、吉林、辽宁、河北北部、山西、陕西南部、甘肃南部、河南西部、山东、安徽南部和西部、浙江西北部、江西、湖北和四川。日本、朝鲜和俄罗斯也有分布。

生长习性： 阳性树种，喜湿润空气，耐寒，耐旱，稍耐阴。

栽培管理： 播种繁殖。

景观应用： 花大密集，优美壮观；秋叶变红，秋冬果红满枝。根系发达，移植易成活，是优良的北方园林观赏树种。

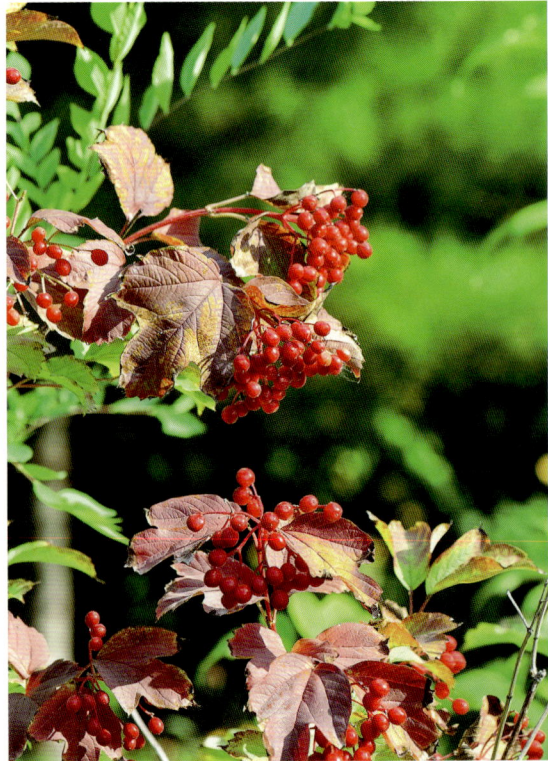

锦带花

Weigela florida (Bunge) A. DC

忍冬科Caprifoliaceae，锦带花属*Weigela*

　　形态特征：落叶灌木，高可达3 m；小枝细弱。叶矩圆形、椭圆形或倒卵形，长7～12 cm，顶端尾状，基部阔楔形，边缘具钝锯齿。叶两面主脉密生短柔毛。花数朵组成聚伞花序，腋生，有短总梗；花冠漏斗状钟形，基部1/3处骤狭，长3～4 cm，初时白色，淡红色渐变至深红色；花萼下部合生。蒴果长圆形，长约2 cm。花期：4～5月；果期：6～7月。

　　分布区域：产于中国黑龙江、吉林、辽宁、内蒙古、山西、陕西、河南、山东、江苏等地。俄罗斯、朝鲜和日本也有分布。

　　生长习性：阳性，耐寒，耐干旱，怕涝。

　　栽培管理：播种、扦插或压条繁殖。

　　景观应用：花朵繁密而艳丽，花期长，为良好的庭园观赏植物。适宜于庭院墙隅、湖畔群植；可在树丛林缘作花篱，丛植配植；点缀于假山、坡地。

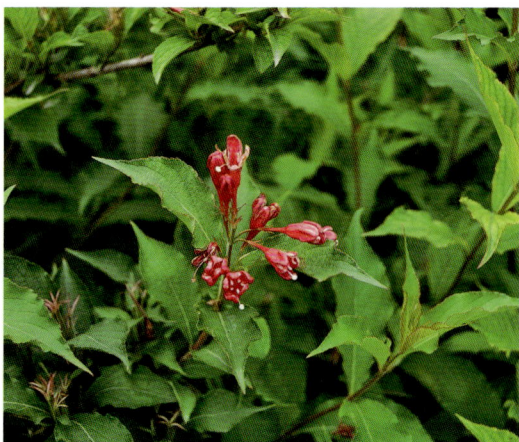

阿尔泰狗娃花

Aster altaicus Willd.

菊科 Asteraceae，紫菀属 *Aster*

　　形态特征：多年生草本，高 60～100 cm。叶条形或矩圆状披针形，倒披针形，长 2～6 cm，宽约 1 cm，全缘或有疏浅齿。头状花序直径 2～4 cm，单生枝端或排成伞房状。花浅蓝紫色；总苞片 2～3 层，近等长或外层稍短，矩圆状披针形或条形，顶端渐尖。舌状花约 20 个；舌片矩圆状条形；管状花裂片不等大。瘦果扁，倒卵状矩圆形。花果期：5～9 月。

　　分布区域：广泛分布于亚洲中部、东部、北部及东北部，喜马拉雅山脉西部。

　　生长习性：耐干旱。广泛生于草原，荒漠地，沙地及干旱山地。

　　栽培管理：播种或分株繁殖。

　　景观应用：花浅蓝紫色，在砂质地、田边、戈壁滩地、河岸路旁及村舍附近等处皆能生长。宜用于边坡绿化点缀或作花境材料或布置岩石园。可应用于公路边坡植被恢复。

达乌里秦艽（达乌里龙胆）

Gentiana dahurica Fisch.

龙胆科 Gentianaceae，龙胆属 *Gentiana*

形态特征： 多年生草本，高 10～25 cm。枝丛生。莲座丛叶披针形或线状椭圆形，先端渐尖，基部渐窄；茎生叶线状披针形或线形，长 2～5 cm。聚伞花序顶生或腋生；萼筒膜质，黄绿色或带紫红色，裂片 5，线形，绿色；花冠深蓝色，有时喉部具黄色斑点，裂片卵形或卵状椭圆形，先端钝，全缘。蒴果内藏，椭圆状披针形。种子具细网纹。花果期：7～9 月。

分布区域： 产四川北部及西北部各地及西北、华北、东北等地区。俄罗斯、蒙古也有分布。

生长习性： 喜生长在潮湿和冷凉的气候条件下，耐寒，耐强光，怕积水。对土壤条件要求不严。

栽培管理： 播种繁殖。

景观应用： 地被植物，常植于路旁、河滩、湖边沙地、水沟边、向阳山坡及干草原等地。

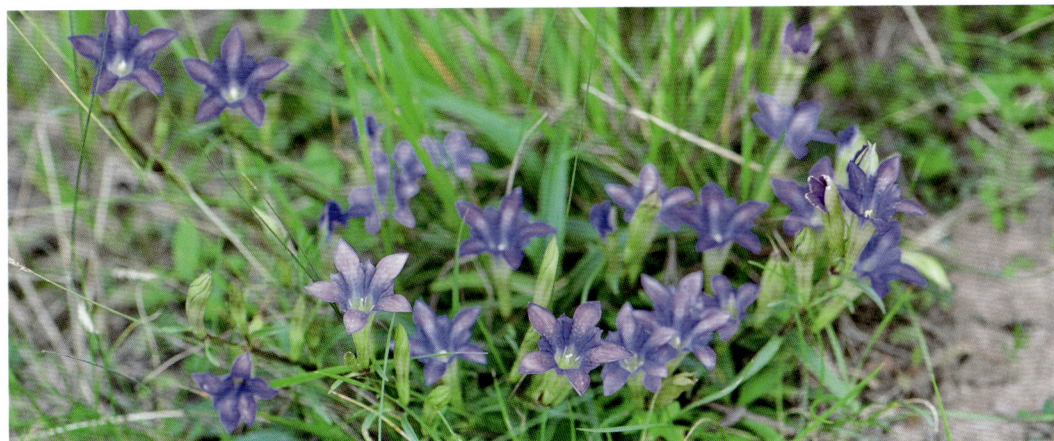

草海桐

Scaevola taccada (Gaertner) Roxburgh

草海桐科Goodeniaceae，草海桐属*Scaevola*

形态特征： 直立或铺散灌木或为小乔木，高可达7 m。叶螺旋状排列，长10～22 cm，宽4～8 cm，基部楔形，顶端圆钝，平截或微凹，全缘，或边缘波状。聚伞花序腋生，长1.5～3 cm。苞片腋间有一簇长须毛；花梗与花之间有关节；筒部倒卵状，裂片条状披针形；花冠白色或淡黄色，长约2 cm。核果卵球状，白色。花果期：4～12月。

分布区域： 产于中国广东、海南、广西、福建、台湾。琉球群岛、东南亚、马达加斯加、大洋洲热带地区、密克罗尼西亚以及夏威夷也有分布。

生长习性： 喜高温、潮湿和阳光充足的环境，耐盐性佳、抗强风、耐旱、耐寒，耐阴性稍差。抗污染及病虫危害能力强，生长速度快。

栽培管理： 扦插或种子繁殖。播种取自然风干2周后的草海桐果实，去除其外果皮，将种子于200 mg/L的赤霉素中浸泡24 h，使具有较高的萌发率。

景观应用： 花色艳丽，花期较长，枝形优美，常在海岸林前线丛生，对防风固沙、恢复退化的热带海岛生态系统具有重要的作用，是热带海岛植物的优势树种之一。可单植、列植、丛植，用于海岸防风林、行道树、庭园美化。

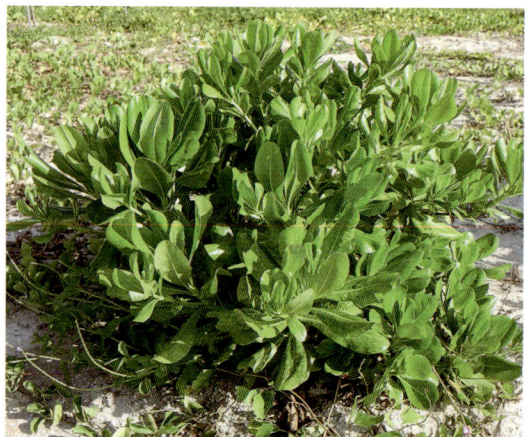

橙花破布木

Cordia subcordata Lam.

紫草科Boraginaceae，破布木属*Cordia*

　　形态特征：小乔木，高约3 m，树皮黄褐色。叶卵形或狭卵形，长8～18 cm，宽6～13 cm，先端尖或急尖，基部钝或近圆形，稀心形，全缘或微波状，叶面具斑点，叶背叶脉或脉腋间密生绵毛。聚伞花序与叶对生，花序宽12 cm；花萼革质，圆筒状，长约13 mm，宽约8 mm，具短小而不整齐的裂片；花冠橙红色，漏斗形，长3.5～4.5 cm，具圆而平展的裂片。坚果卵球形或倒卵球形，具木栓质的中果皮，被增大的宿存花萼完全包围。花果期：6月。

　　分布区域：产中国海南及西沙群岛。非洲东海岸、印度、越南及太平洋南部诸岛屿有分布。

　　生长习性：耐高盐、耐强碱、耐高温、耐强光、耐干旱以及贫瘠。

　　栽培管理：扦插繁殖。

　　景观应用：根系发达，生长较快，具有良好的固着沙土、促进成土过程和调节海岛气候的作用。

银毛树

Tournefortia argentea L. f.

紫草科Boraginaceae，紫丹属*Tournefortia*

形态特征：小乔木或灌木，高1～5 m；小枝密生锈色或白色柔毛。叶倒披针形或倒卵形，生小枝顶端，长7～13 cm，宽2～4 cm，先端钝或圆，自中部以下渐狭为叶柄，上下两面密生丝状黄白色毛。镰状聚伞花序顶生，呈伞房状排列，直径5～10 cm，密生锈色短柔毛；花萼肉质，5深裂，裂片长圆形，倒卵形或近圆形，外面密生锈色短柔毛；花冠白色，筒状，裂片卵圆形，开展，外面仅中央具1列糙伏毛。核果近球形。花果期：4～6月。

分布区域：产中国海南、西沙群岛及台湾。生海边沙地。日本、越南及斯里兰卡有分布。

生长习性：喜高温、湿润和阳光充足的环境。耐盐碱，抗强风，耐旱。

栽培管理：播种或扦插繁殖。

景观应用：树形优美，防风固沙能力强，抗逆性强，适应强光、大风和盐雾环境。具有重要的生态功能。为海岸沙地优良防风固沙树种，也可栽植于庭园作景观植物。

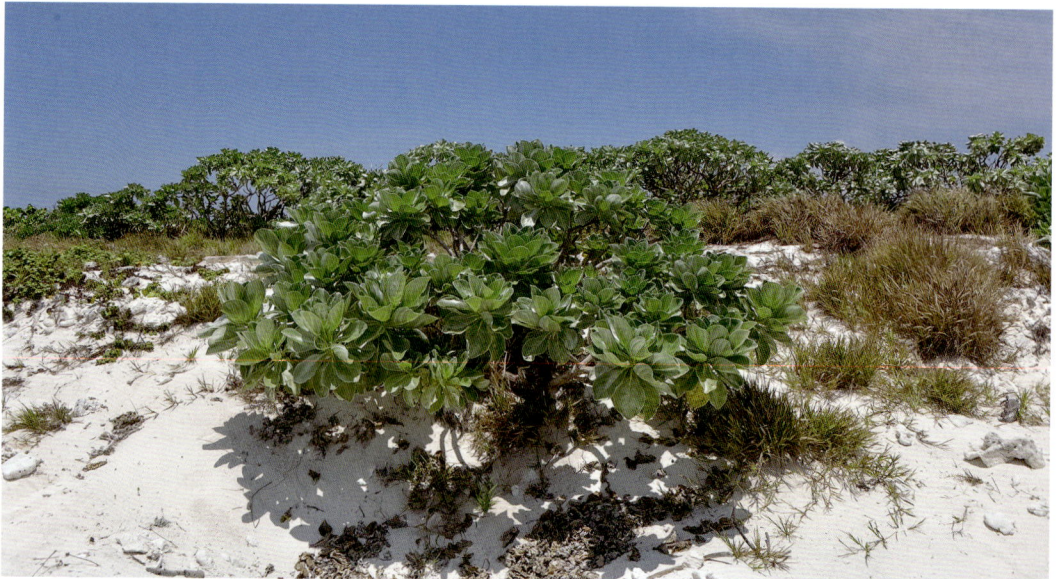

宁夏枸杞（山枸杞、津枸杞、中宁枸杞）

Lycium barbarum L.

茄科Solanaceae，枸杞属*Lycium*

　　形态特征：灌木，高达2m。茎枝具棘刺。叶披针形或长椭圆状披针形，长2～3cm，宽3～6mm，先端短渐尖或尖，基部楔形。花在长枝1～2腋生，在短枝2～6簇生。花萼钟状，2中裂，裂片具小尖头或2～3齿裂；花冠漏斗状，紫色，裂片卵形，基部具耳片。浆果红色，栽培类型有橙色，肉质多汁，宽椭圆形、长圆形、卵圆形或近球形。种子扁肾形，褐黄色。花期：5～8月；果期：8～11月。

　　分布区域：原产中国北部、河北北部、内蒙古、山西北部、陕西北部、甘肃、宁夏、青海、新疆，现中国中部和南部也有栽培。

　　生长习性：喜光，喜水肥，耐寒、耐旱、耐盐碱、沙荒。

　　栽培管理：播种、扦插繁殖。在开花结果盛期宜追施2～3次氮磷钾复合肥。

　　景观应用：形态婀娜、叶翠绿，花淡紫，果实鲜红，耐盐碱、沙荒和干旱，宜作水土保持和造林绿化灌木，植于土层深厚的沟岸、山坡、田梗和宅旁。

中国枸杞

Lycium chinense Miller

茄科Solanaceae，枸杞属*Lycium*

　　形态特征：多分枝灌木，高0.5～1 m，栽培可达2 m多；枝条淡灰色，有纵条纹，有棘刺，小枝顶端锐尖成棘刺状。叶纸质或栽培者质稍厚，单叶互生或2～4枚簇生，卵形、卵状菱形、长椭圆形、卵状披针形，顶端急尖，基部楔形，长1.5～5 cm，宽0.5～2.5 cm，栽培者长达10 cm以上，宽达4 cm。花在长枝上单生或双生于叶腋，在短枝上簇生。花冠漏斗状，淡紫色。浆果红色，长7～15 mm，栽培者长达2.2 cm。种子扁肾脏形，黄色。花果期：6～11月。

　　分布区域：分布于中国东北、河北、山西、陕西、甘肃南部及西南、华中、华南和华东各地；朝鲜、日本，欧洲也有。

　　生长习性：喜阳、喜凉爽气候，耐寒、耐旱、耐盐碱。

　　栽培管理：播种、扦插繁殖。

　　景观应用：为水土保持灌木及盐碱地先锋树种。可作药材、蔬菜或绿化栽培。

黑果枸杞

Lycium ruthenicum Murray

茄科Solanaceae，枸杞属*Lycium*

形态特征：多棘刺灌木，高20～50 cm；分枝白色或灰白色，成"之"字形曲折，有纵条纹，小枝顶端渐尖成棘刺状，节间短缩，每节有短棘刺；短枝位于棘刺两侧，更老的枝则短枝成不生叶的瘤状凸起。叶2～6枚簇生于短枝上，条形、条状披针形或条状倒披针形，顶端钝圆，基部渐狭，长0.5～3 cm，宽2～7 mm。花1～2朵生于短枝上。花萼狭钟状，果时稍膨大成半球状，包围于果实中下部；花冠漏斗状，浅紫色。浆果紫黑色，球状。种子肾形，褐色。花果期：5～10月。

分布区域：分布于中国陕西北部、宁夏、甘肃、青海、新疆和西藏；中亚、高加索和欧洲亦有。

生长习性：喜光，耐寒、耐高温、耐盐碱、耐干旱。

栽培管理：播种、扦插繁殖。

景观应用：常生于盐碱土荒地、沙地或路旁，可作为水土保持灌木。

刺旋花

Convolvulus tragacanthoides Turcz.

旋花科Convolvulaceae，旋花属*Convolvulus*

形态特征： 匍匐有刺亚灌木，全体被银灰色绢毛，高4～10 cm，茎密集分枝，形成披散垫状；小枝坚硬，具刺；叶狭线形，或稀倒披针形，先端圆形，基部渐狭，均密被银灰色绢毛。花2～5朵密集于枝端，稀单花，花柄密被半贴生绢毛；萼片椭圆形或长圆状倒卵形，先端短渐尖，或骤细成尖端，外面被棕黄色毛；花冠漏斗形，粉红色。蒴果球形，有毛，长4～6 mm。种子卵圆形。花期：5～7月。

分布区域： 产于中国北部和西北部（河北、陕西、甘肃、内蒙古、宁夏、新疆至四川西北部）。蒙古和俄罗斯也有分布。

生长习性： 耐旱，耐瘠薄，抗逆性强。

栽培管理： 播种繁殖。

景观应用： 刺旋花是早春的蜜源植物，可应用在荒漠半荒漠区的砂砾质、砾石质山坡及丘陵处，起到一定的水土保持和固沙作用。

厚藤

Ipomoea pes-caprae (L.) R. Brown

旋花科Convolvulaceae，番薯属*Ipomoea*

形态特征：多年生草本；茎平卧，有时缠绕。叶肉质，干后厚纸质，卵形、椭圆形、圆形、肾形或长圆形，长3.5～9 cm，宽3～10 cm，顶端微缺或2裂，裂片圆，裂缺浅或深，有时具小凸尖，基部阔楔形、截平至浅心形；在叶背近基部中脉两侧各有1枚腺体。多歧聚伞花序，腋生；萼片厚纸质，卵形，顶端圆形，具小凸尖；花冠紫色或深红色，漏斗状，长4～5 cm。蒴果球形。种子三棱状圆形。

分布区域：产于中国广东、海南、广西、浙江、福建、台湾。广布于热带沿海地区。

生长习性：性喜高温、干燥和阳光充足的环境。耐盐，抗风，耐旱。

栽培管理：扦插繁殖。

景观应用：四季常绿，叶形奇特，生长势强，花期较长，花多且色泽艳丽，具有较高的观赏价值；其生长于贫瘠的砂土地，有良好的固沙能力，可作海滩固沙或覆盖植物。

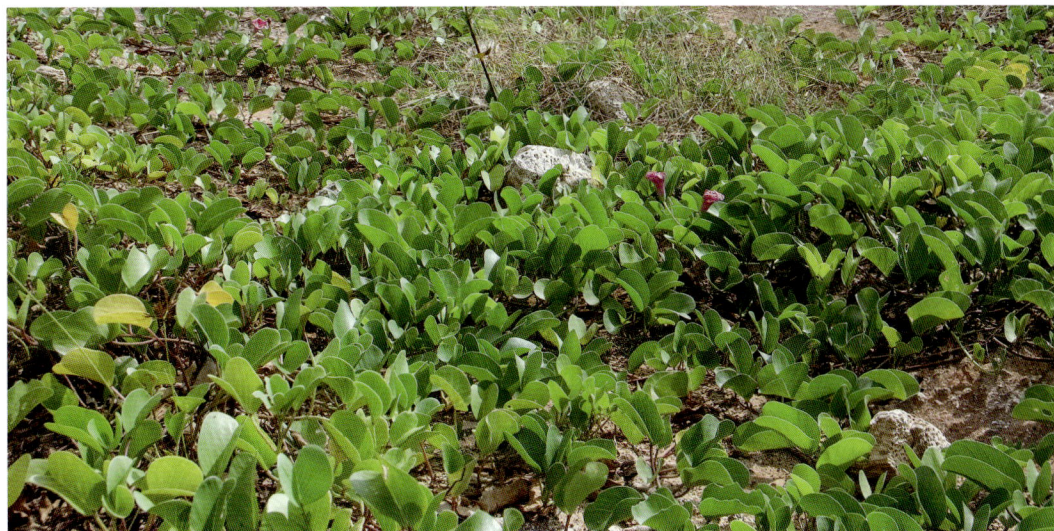

白花泡桐（泡桐）

Paulownia fortunei (Seem.) Hesml.

玄参科Scrophulariaceae，泡桐属*Paulownia*

形态特征： 落叶乔木。叶片长卵状心脏形，有时为卵状心脏形，长达20 cm，顶端长渐尖或锐尖头，其凸尖长达2 cm，新枝上的叶有时2裂；叶柄长达12 cm。花序狭长圆柱形，长约25 cm，小聚伞花序有花3～8朵；萼倒圆锥形，长2～2.5 cm；花冠管状漏斗形，白色仅背面稍带紫色或浅紫色，长8～12 cm，管部在基部以上不突然膨大，而逐渐向上扩大，稍稍向前曲，外面有星状毛，腹部无明显纵褶，内部密布紫色细斑块；雄蕊长3～3.5 cm，有疏腺；子房有腺，花柱长约5.5 cm。蒴果长圆形或长圆状椭圆形。花期：3～4月；果期：7～8月。

分布区域： 产于中国广东、广西、湖南、江西、福建、台湾、浙江、安徽、湖北、四川、贵州、云南、山东、河北、河南、陕西有引种。生于低海拔的山坡、林中、山谷及荒地。越南及老挝也有分布。

生长习性： 喜光，耐寒，适应性强，生长快，较喜欢温暖湿润的气候。

栽培管理： 播种或扦插繁殖，需要栽培于深厚肥沃的土壤中。

应用： 树干直，生命力强，生长快，也可作庭荫树、行道树、防护林或风景林树种。

毛泡桐（紫花泡桐）

Paulownia tomentosa (Thunb.) Steud.

玄参科Scrophulariaceae，泡桐属*Paulownia*

形态特征：乔木，高达20 m，树冠宽大伞形，树皮褐灰色；小枝有明显皮孔，幼时常具黏质短腺毛。叶片心脏形，长达40 cm，顶端锐尖头，全缘或波状浅裂。花序为金字塔形或狭圆锥形，长一般在50 cm以下，小聚伞花序的总花梗长1～2 cm，具花3～5朵；花冠紫色，漏斗状钟形，长5～7.5 cm，在离管基部约5 mm处弓曲，向上突然膨大，外面有腺毛。蒴果卵圆形，幼时密生黏质腺毛。花期：4～5月；果期：8～9月。

分布区域：产于中国辽宁、河北、河南、山东、江苏、安徽、湖北、江西等地。日本，朝鲜，欧洲和北美洲也有引种栽培。

生长习性：喜光，耐寒，较耐干旱与瘠薄，在北方较寒冷区域和干旱地区尤为适宜。

栽培管理：播种或扦插繁殖。

景观应用：树姿优美，花色美丽鲜艳，并有较强的净化空气和抗大气污染的能力，是城市和工矿区绿化的好树种。适合作园林行道树和景观树。

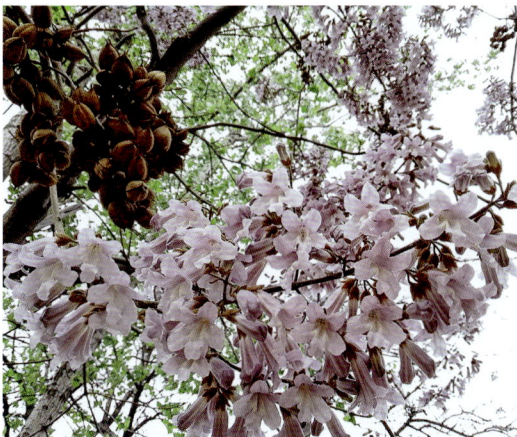

红花玉芙蓉

Leucophyllum frutescens (Berland.) I. M. Johnst.

玄参科Scrophulariaceae，玉芙蓉属*Leucophyllum*

形态特征：常绿小灌木，高达1.5～2.5 m，枝条开展或拱垂，全株密生白色绒毛及星状毛；叶互生，倒卵形，长1.2～2.5 cm，先端圆钝，基部楔形，质地厚，全缘，微卷曲，几无柄。花单生叶腋，萼裂片长椭圆状披针形；花冠紫红色，钟形，长约2.5 cm，檐部直径2.5 cm，内部被毛，五裂；雄蕊4，内藏。蒴果，2裂。花期：春至夏季。

分布区域：原产美国得克萨斯州及墨西哥，中国华南及西南地区有少量引种。

生长习性：喜光，喜高温、湿润、向阳之地，耐热、耐旱，不耐阴。可生于贫瘠的砂壤土中。

栽培管理：扦插或高压法繁殖。栽培介质以腐殖土或砂质壤土为佳。春、夏季每1～2个月施肥1次。

景观应用：枝叶银白色，花朵紫红色，是优良的花灌木，适应性强，最适于南部沿海地区栽培观赏，可丛植于庭院、公园，也可植为绿篱，或用于海滨绿化。

凌霄

Campsis grandiflora (Thunb.) Schum.

紫葳科 Bignoniaceae，凌霄属 *Campsis*

　　形态特征： 攀缘藤本；茎木质，以气生根攀附于它物之上。叶对生，为奇数羽状复叶；小叶 7～9 枚，卵形至卵状披针形，顶端尾状渐尖，基部阔楔形，两侧不等大，长 3～6 cm，宽 1.5～3 cm，边缘有粗锯齿；叶轴长 4～13 cm。顶生疏散的短圆锥花序，花序轴长 15～20 cm。花萼钟状，长 3 cm，分裂至中部，裂片披针形，长约 1.5 cm。花冠内面鲜红色，外面橙黄色，长约 5 cm，裂片半圆形。蒴果顶端钝。花期：5～8 月。

　　分布区域： 产中国长江流域各地，以及河北、山东、河南、福建、广东、广西、陕西，在台湾有栽培；日本也有分布，越南、印度、巴基斯坦西部均有栽培。

　　生长习性： 喜光，喜温湿环境，耐寒、耐旱、耐瘠薄，萌生力强。

　　栽培管理： 扦插、压条或分根繁殖。常用扦插繁殖，扦插多选用带气生根的硬枝春插。

　　景观应用： 花大色艳，是理想的垂直绿化树种。适合花架、假山、墙垣等地垂直绿化。适宜攀缘墙垣、枯树、石壁；点缀于假山间隙；经修剪、整枝成灌木状栽培观赏。

梓

Catalpa ovata G. Don

紫葳科Bignoniaceae，梓属*Catalpa*

　　形态特征：乔木，高达15 m；树冠伞形，主干通直，嫩枝具稀疏柔毛。叶对生或近对生，有时轮生，阔卵形，长宽近相等，长约25 cm，顶端渐尖，基部心形，全缘或浅波状，常3浅裂；叶柄长6～18 cm。顶生圆锥花序。花冠钟状，淡黄色，内具2黄色条纹及紫色斑点；能育雄蕊2，退化雄蕊3。蒴果线形，下垂。

　　分布区域：产长江流域及以北地区；日本也有分布。

　　生长习性：喜温，耐寒。抗污染能力强，生长较快。

　　栽培管理：播种繁殖。

　　景观应用：树姿优美，叶大阴浓，春夏满树白花，可作行道树、庭荫树，也可营建生态风景林。

蒙古莸（兰花茶、山狼毒、白沙蒿）

Caryopteris mongholica Bunge.

马鞭草科Verbenaceae，莸属*Caryopteris*

形态特征： 落叶小灌木，常自基部即分枝；高0.3～1.5 m；嫩枝紫褐色，圆柱形，有毛，老枝毛渐脱落。幼枝被柔毛，后脱落。叶片厚纸质，线状披针形或线状长圆形，全缘，长0.8～4 cm，宽2～7 mm，叶面深绿色，叶背密生灰白色绒毛；叶柄长约3 mm。聚伞花序腋生；花萼钟状，深5裂，裂片阔线形至线状披针形；花冠蓝紫色，长约1 cm，5裂，下唇中裂片较长大，边缘流苏状，花冠管长约5 mm，管内喉部有细长柔毛；雄蕊4枚，几等长，与花柱均伸出花冠管外。蒴果椭圆状球形，果瓣具翅。花果期8～10月。

分布区域： 产中国河北、山西、陕西、内蒙古、甘肃。蒙古也有分布。

生长习性： 喜光，极耐旱、耐寒，萌蘖性强。生于干旱坡地，沙丘荒野及干旱碱质土壤上。

栽培管理： 播种和扦插繁殖。播种繁殖在10月采收种子，5月中旬进行播种。扦插繁殖在4月中旬进行。

景观应用： 为干旱、半干旱地区绿化树种，亦可用于庭园栽培，观赏价值较高，是低矮型的夏末秋初观花植物。

荆条

Vitex negundo var. *heterophylla* (Franch.) Rehd.

马鞭草科 Verbenaceae，牡荆属 *Vitex*

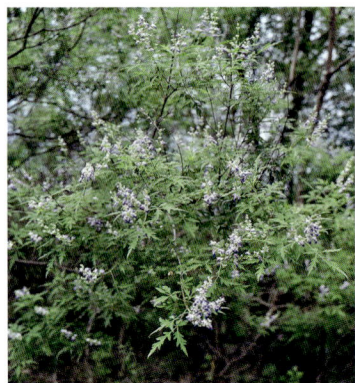

形态特征：小乔木或灌木状；小枝四棱形，密被灰白色绒毛；小叶片边缘有缺刻状锯齿，浅裂以至深裂，背面密被灰白色绒毛；掌状复叶，小叶 5，少有 3；小叶片边缘有缺刻状锯齿，浅裂以至深裂，叶面密被灰白色绒毛；聚伞圆锥花序长 10～27 cm，花序梗密被灰色绒毛；花萼钟状，具 5 齿；花冠淡紫色，被绒毛，5 裂，二唇形；雄蕊伸出花冠；核果近球形。花期：4～6 月；果期：7～10 月。

分布区域：产中国辽宁、河北、山西、山东、河南、陕西、甘肃、江苏、安徽、江西、湖南、贵州、四川。日本也有分布。

生长习性：喜光，耐寒、耐旱、耐瘠薄的土壤。其根茎萌发力强，耐修剪。

栽培管理：播种、扦插、压条等繁殖。

景观应用：叶形美观，枝叶芳香，花蓝紫色，花期长，是优良的庭园绿化观赏树种。根系发达，能涵养水源，保持水土，是水土保持的优良灌木树种。

参考文献

戴建良，董源，陈晓阳等，1999. 不同种源侧柏鳞叶解剖构造及其与抗旱性的关系 [J]. 北京林业大学学报（01）：3-5.

蒲文彩，许云蕾，余志祥，等，2019. 元江干热河谷典型耐旱植物叶片解剖结构特征及抗旱性分析 [J]. 西南林业大学学报（自然科学），39（1）：58-68.

孙景宽，张文辉，陆兆华，等，2009. 沙枣（Elaeagnus angusti-folia）和孩儿拳头（Grewia biloba G. Don var. parviflora）幼苗气体交换特征与保护酶对干旱胁迫的响应 [J]. 生态学报，29（3）：1330-1340.

王勇，梁宗锁，龚春梅，等，2014. 干旱胁迫对黄土高原4种蒿属植物叶形态解剖学特征的影响 [J]. 生态学报，（16）：4535-4548.

肖军，袁林，2010. 四种阔叶树叶片解剖结构特征及其耐旱性比较研究 [J]. 泰山学院学报，32（06）：117-120.

周玲玲，刘萍，王军，等，2007. 新疆2种盐生补血草营养器官的解剖学研究 [J]. 西北植物学报，27（6）：1127-1133.

中国科学院中国植物志编辑委员会，1956-2004. 中国植物志 [M]. 北京：科学出版社.

刘东明，李作恒，赵文忠，等，2016. 高速公路景观植物 [M]. 北京：人民交通出版社.

邢福武，曾庆文，陈红锋，等，2009. 中国景观植物 [M]. 武汉：华中科技大学出版社.

Hare PD, CRESS WA, VAN Staden J, 1998. Dissecting the roles of osmolyte accumulation during stress[J]. Plant, cell & environment 21(6): 535-553.

Ingram J, BARTELS D, 1996. The molecular basis of dehydration tolerance in plants[J]. Annual review of plant biology, 47(1): 377-403.

http://www.iplant.cn

https://www.baidu.com

中文名索引

拉丁名索引